KB236193

짠내투어

찐내투어

신익수 지음

생각정거장

Prologue

짠내 나는 투어 설계, 어떻게 하냐고? 그까짓 거!
쫄지마, 여행!

미안한 고백부터 한 가지. 이병률 시인처럼 달달한 문장과, 최갑수 여행작가처럼 강렬한 사진과, 유홍준 교수의 해박한 인문학·역사학적 고찰들을 죄다 종합한, 그야말로 완벽한 여행책은, 개뿔. 이 여행책, 천상천하 유아독존, 슈퍼 그뤠잇한 '얍실' 여행책이다. 그러니 여행의 낭만과 감상, 추억을 원하는 분들은 과감히 덮어주시라. 대신, 이 책엔 극강의 간편 여행 노하우와 짠내투어 꿀팁들이 총망라돼 있다. 말하자면 초간편, 초얍실, 초알뜰 여행의 결정판이다.

누구나 꿈꾼다. 효리네 민박 같은 모던한 곳에서, 연예인급 외모의 집주인과 바비큐 구워먹고, 다음날엔 윤식당 레스토랑에 가서 캬~, 퓨전 불고기요리와 와인 한 잔을 곁들이는 그런 장면, 미안하지만 몽땅 구라다. 뻥이다. 여행은 계획부터 컴백까지 살벌한 현실이다. 어어, 하다간 한방에 훅간다.
패키지 예약한 여행사, 별안간 문 닫고, 현지 택시는 한 바퀴 살짝 돌았는데 10만 원 바가지를 씌운다. 효리네 민박? 천만의 말씀이다. 인터넷 보고 분명 효리네 민박 비주얼에 반해 예약했는데, 현장 모습은 흉가다. 이런 일 부지기수다.
그러니 여행은 전쟁터다. 알뜰하고, 얍실해야 하며, 머리 굴리지 않으면 살아남을 수 없는 서바이벌 현장이다.

이 여행책은 그런 의미에서 '생존 바이블'이다. 전체를 관통하는 핵심은 '짠내'. 무조건 돈이 될 것. 돈이 안 된다면 아끼기라도 할 것. 그래서 Part 1은 여행 생존 매뉴얼(서바이벌 꿀팁)을 총정리한 '짠내투어 이론편'이다. 오버부킹의 고급기술을 활용한 '비즈니스석 공짜 탑승법'이나 비행기 연착으로 뒤통수치는 연착 보상법, 여권 3,000원 싸게 발급받는 팁 등 다양한 실전 여행비급들을 모조리 공개한다. Part 2와 Part 3은 실전편이다. Part 2 국내에 이어 Part 3 해외까지 짠내꿀팁을 활용해 떠날 수 있는 핫스폿들을 대거 방출한다. Part 2 국내편엔 '나만 몰랐던 공짜 스테이 명소'와 함께 200원짜리 크루즈, 1,000원짜리 열차까지 짠내투어 필수 코스를 다양하게 선보인다. Part 3 해외편은 극강의 고수 단계. 환율 핵이득 여행지, 하루 3만 원에 시티투어를 할 수 있는 알뜰살뜰 여행포인트를 낱낱이 알려드린다.

프롤로그는 딱 여기까지. 인생도 담백해야 하고, 여행도, 문장도, 글도, 심지어 프롤로그도 초간편(짧고 굵어야 한다)해야 한다는 게 필자의 철학이니까. 뭐, 프롤로그에 지겹게 등장하는 'ㅇㅇㅇ야, 고맙다'는 상투적인 문장도 다 생략한다. 뭐, 결국, 내가 밤새가며 만든 책이니깐.
삶, 금방이다. 청춘도 휙 간다. 시간도 없다. 월차, 눈치 보인다. 주머니도 얇다. 그러니, 떠나시라. 내키면 바로. 초간편, 초얍실, 초알뜰, 초짠내 나게. 쫄지 말고 이렇게.

신 익 수 여행 · 레저 전문기자

Contents

TOUR 2 무조건 외워라! 짠내투어 상식

Contents

가성비 그뤠잇!
국내부터 돌아보자

TOUR 3

핵가성비 반나절 국내 여행지

TOUR 4

슈퍼 그뤠잇 반전 알뜰여행지

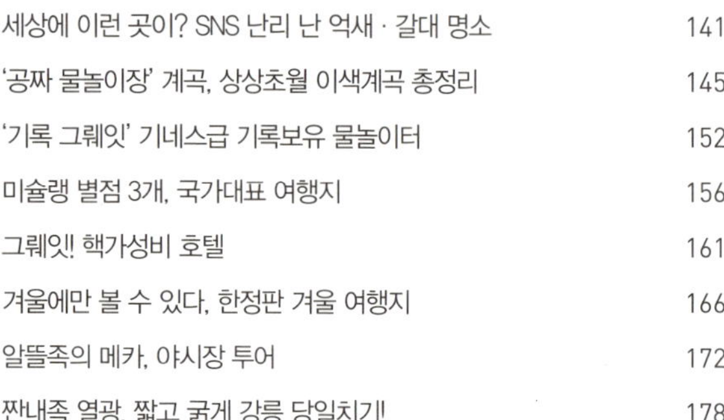

해외를
이 가격에?!

무조건 주목! 짠돌이 핫스폿

해외도 충알! 1박이면 충분하다

01
짠내투어,
이 렇 게
시작하자

가성비 갑,
여행 Tip
총정리

GO! Tour

INTRO

말하자면, 짠내투어 이론편이다. 다이내믹한 반의 반값 여행을 자유롭게 구사하는 짠내고수의 경지에 이르려면 필수적으로 알고 있어야 하는 꿀팁들이다. 뇌즙을 짜내듯, 여행고수들만의 반값 항공권 신공들을 달달 긁어모은 게 Tour 1이다. 반의 반값 항공권을 끊는 다양한 실전 팁을 총망라했다. Tour 2는 이론편의 버전 2편. 항공권 외에 여행 중에 일어나는 다양한 상황에서, 돈을 절약하고, 나아가 돈을 벌 수(?) 있는 꿀팁들을 총 정리한 요약편이다. 취소, 연착, 수하물 분실 등 황당하지만 자주 접하는, 실전 상황에서 제대로 보상을 받는 비법과 신공들이다. 장담한다. Part 1만 제대로 익혀둬도 어디 가서 여행고수 소리 제대로 듣는다. 외워두시라. 써먹으시라.

말이 돼?
반의 반값 항공권?!

감히 말한다. 시간 없으신 분들, 여기 나오는 내용만 봐도 책값 본전은 뽑는다. 한마디로 슈퍼 울트라 매직 그뤠잇한 '반값 항공권 바이블' 되시겠다. 여행 강호에 떠도는 대한민국 여행 짠내 초절정 고수들의 '반값 티케팅 신공'뿐 아니라 초급부터 고급까지 무조건 외워야 하는 알뜰 짠내투어 공식을 총 망라했다. 여기에 항공사, 여행사 직원들이 꽁꽁 숨기는 '그들만의 여행 비법'도 일일이 캐내 보기 좋게 공식으로 정리했다. 다 읽고 나면 이코노미석을 자연스럽게, 그것도 무료로 비즈니스석으로 업그레이드 하는 경이적인 고수(?)의 반열에 오를 수 있다. 이런 게 여행의 정석, 여행의 기술이다. 볼 것 없다. 무조건 외우시라. 써먹으시라.

✈ 초절정 고수들만 아는
짠내 여행공식

"해외여행 출발일만 바꿔도 10만 원 번다!"

짠내투어 이론편에서 가장 중요하고 핵심이 되는 부분이다. 밑줄 좍좍 별표 2~3개씩 해놓으셔야 한다. 여기에 나온 짠내공식만 잘 외워도, 이 책 산 본전은 뽑는다. 짠내투어 초절정 고수들만 아는 마법의 공식. 잘만 활용하면 같은 여행에, 10만 원 이상씩 싸게 갈 수 있는 놀라운 꿀팁이 될 수 있다. 딱 네 가지다.

🔊)) | **돈 버는 그뤠잇! 여행공식**

① **3·6·9 공식** 여행 패키지 출발일 = '3월/6월/9월' (단, 예약은 1·4·7 공식 = '1월/4월/7월')
② **일화 공식** 여행 출발일 = '일요일~화요일' 사이
③ **항일 공식** 항공권 싸지는 마법의 요일 = '일요일'
④ **이월 공식** 여행사 이벤트 당첨확률 가장 높은 요일 = '월요일'

계절의 마법, '3·6·9' 공식

자, 싸지는, 짠내 '월의 법칙'부터 외우자. 여행 패키지가 1년 열두 달, 같은 값으로 있는 게 아니다. 여행사 사정에 따라 싸지는 월이 있다. 여기서 나온 게 '3·6·9 공식'이다. 여행 업계 비수기, 상대적으로 여행비용이 가장 싸지는 계절이 3월과 6월, 그리고 9월이라는 의미다.

그렇다면 예약은 언제 해야 할까. 마법처럼 가격이 싸지는 3·6·9월에 여행을 떠나기 위해선 '얼리버드(early bird) 공식'을 복합적으로 적용해야 한다. 쉽게 말해 미

리, 선 예약을 해야 하는 것. 선 예약을 할 때 가장 싸게 예약할 수 있는 마지노선, 두 달 전이다. 그러니 3·6·9월에 싸게 가려면 2개월 전인 1·4·7월에 예약을 하는 식이다. 아, 잊을 뻔 했다. 이 공식의 예외 한 가지. 민족의 명절이 낀 주간이다. 3월 혹은 9월에 설과 추석 연휴가 끼었다면 제외다.

요일의 법칙, '일화' 공식

월의 공식, 다음은 요일의 법칙이다. 여행상품은 크게는 월 단위로도 가격 등락이 있고, 미세하게는 매일, 그러니깐 요일 단위로 가격이 요동을 친다. 일주일 사이, 묘하게 싸지는 '요일의 마법'(요일의 법칙)은 그래서 알아둬야 한다. 이때 중요한 게 출발 날짜다. 출발 날짜만 잘 찍어도 동남아 해외여행의 경우 10만 원 이상 비용을 줄일 수 있다.

요일 법칙 포인트는 '일요일~화요일'(그래서 '일화 공식'으로 외운다) 사이다. 그러니깐 월요일~일요일 중에 이 요일을 출발 일자로 선택하면 자동으로 10만 원 이상 세이브된다. 특히 동남아 권역이면 이 법칙, 제대로 들어맞는다. 왜냐고? 일본, 필리핀, 태국 등 동남아 지역은 주말을 낀 3~4일 패턴을 고객들이 가장 선호한다. 당연히 주말을 낀 '황금 목요일' 상품에 수요가 몰릴 수밖에 없다. 수요가 몰리면 가격이 당연히 뛸 터. 그러니 남들이 꺼리는 출발 일자만 잡으면 가격이 싸지는 거다. 그게 일요일에서 화요일 사이 출발이다.

항공권이 싸지는 마법의 요일, '항일' 공식

지금부터는 고급단계. '항공권 가격이 싸지는 요일 법칙'이다. 〈월스트리트〉가

미국 내 지난 19개월간 940억 원에 달하는 국내선·국제선 왕복항공권 1억 3,000만 건을 분석한 결과인데, 가장 싼 항공권을 살 수 있는 요일, 놀랍게도 일요일이다. 이걸 전 세계 통용으로 봐도 무방하다. 외우기 쉽게 '항(항공권)일(일요일)' 공식이다. 결과를 보면 가장 저렴한 평균 가격이 432달러(약 43만 2,000원) 선. 이게 다 '일요일 마법'이다. 하루 앞선 토요일 평균 가격은 43만 9,000원. 반대로 가장 비싼 요일은 화요일이다. 화요일 항공권 평균 가격은 49만 7,000원. 가장 싼 일요일과는 무려 15% 이상 차이 난다.

이벤트 당첨확률 가장 높아지는 요일, '이월' 공식

짠내족에게 이벤트는 로또나 다름없다. 하늘이 주신 기회다. 이참에 여행사 이벤트 당첨 확률이 높은 요일의 비밀도 알아두자. 여행사들이 매번 공짜 여행을 경품으로 내거는 이벤트. 놀랍게도 당첨 확률이 가장 높은 요일은 월요일이다. 반대로 확률이 가장 낮아지는 요일은 일요일을 낀 주말. 누구나 시간이 많고 심적 여유가 생겨 응모에 나서는 탓이다. 당연히 출근에 마음이 바빠지는 월요일, 경쟁률이 떨어질 수밖에 없다. 머리에 쏙쏙 박히게 '이(이벤트)월(월요일)'로 기억하자.

✈ 실전에 바로 써먹는 항공권 짠내공략법

"2% 차이로 스마트한 여행객이 된다!"

무협의 세계든, 여행의 세계든 공통점이 있다. 고수들은 클래스부터가 남다르다는 점이다. 차원이 다른 고수들의 클래스를 만드는 건 엄청난 내공이 아니다. 믿기지 않지만 고작 2% 정도의 미세한 차이가 고수와 하수의 경계를 만들어낸다. 2%. 정말이지, 미세한 차이를 만들어내는 스마트한 항공권 구매 비법은 여섯 가지다. 1년 내내 써먹을 수 있다.

항공권도 골든타임이 있다

항공권이 싸지는 골든타임이 있다. 세계적인 여행가격 비교사이트 '스카이스캐너'가 2년간 항공편 예매 수천만 건을 비교 분석한 결과만 알아둬도 유용하다. 얼리버드, 즉 미리 사면 싸다는 건 아는데 그 '미리'의 골든타임은 24주 전. 그러니깐 미리 산다면 정확히 24주 전, 6개월 전을 노려야 한다. 한국인들이 가장 선호하는 단거리 여행지 동남아 지역의 골든타임은 3월. 3월 출발 동남아 여행이 가장 저렴하다. 독특하게 일본(오사카, 후쿠오카, 도쿄)은 11월이 가장 저렴하다. 반대로 가장 비싼 시기는 8월. 주 단위로는 7월 4째주다.

부산 출발 땡처리 항공권을 노려라

땡처리 항공권, 싸다는 것은 누구나 알고 있다. 출발이 임박한 항공권을 사는 것, 가장 대표적인 할인 항공권 구매 방법이다. 아예 이런 항공권만 노리는 땡처리족도 있다. 여권 딱 준비해 놓고, 땡처리 상품만 째려보는 이들이다. 일반적으로 비수기 일·월·화요일 출발이 많고 시간대도 아침보다 밤 출발이 많다. 여기까지는 누구나 안다. 당연히 경쟁률이 높다. '광클(빛의 속도로 클릭)' 해도 살까 말까다. 이 경우 출국 포인트를 살짝 틀어보는 게 팁이 된다. 이게 2%의 차이다. 누구나 해외여행하면 인천공항 출발만 떠올린다. 이걸 부산 김해국제공항으로 살짝 트는 거다. 요즘 일본, 중국 등 동남아 권역은 부산 출발 땡처리 항공권이 20~30만 원대에 상상초월 파격가로 자주 등장한다. '땡처리닷컴(www.ttang.com)' 같은 땡처리 판매처도 적극 활용할 것!

신규 취항지를 공략하라

여행고수들이 가장 신경 쓰면서 공을 들이는 공략법이다. 항공사들은 신규 취항지 노선에 대해 항공권 할인을 비롯한 대대적인 이벤트를 연다. 시쳇말로 '오픈빨'을 노리는 거다. 비즈니스 공짜 업그레이드 같은 파격 이벤트도 이때 열린다. 일례로 아시아나항공은 로마 노선에 신규 취항할 당시 로마 항공권 구매 승객을 대

상으로 추첨을 통해 업그레이드 이벤트를 진행한 적이 있다. 특히, 저가항공 가세로 요즘은 신규 취항지가 한 달이 멀다하고 등장한다. '신규 취항 = 월척' 이렇게 뇌리에 담아두고 있을 것.

직항보다는 경유 노선

몸은 피곤해도 싸게 가는 일반적인 방법이다. 직항편은 편리한 반면, 경유 노선보다 당연히 비싸다. 시간적 여유가 있고 두루 여행하는 게 목적이라면 경유 노선도 생각해봄직하다. 직항편보다 20~30%는 싸다. 특히 유럽편은 요즘 중국 상하이를 경유하는 코스가 알뜰 루트로 인기다. 중국 상하이를 경유해 미국 LA까지 가는 중국의 한 한공사 티켓 가격은 불과 60만 원대. 일반 항공사에 비해 3분의 1 수준이다.

마일리지 항공권도 비수기가 유리

마일리지 사용에도 왕도가 있다. 항공사 마일리지 항공권을 성수기에 사용하면 비수기보다 50% 이상 할증된다. 마일리지를 쓰더라도 비수기에 써야 하는 건 당연한 이치인 셈(사실 성수기에 쓰려고 해도 마일리지 좌석이 없다). 짠내투어족이라면 휴가 기간 중 마일리지 사용은 무조건 피하실 것.

검색의 달인이 될 것

노력은 배신하지 않는다. 아무리 머리가 좋아도 노력파를 따라갈 순 없는 법. 마찬가지다. 항공권도 손품을 팔면 팔수록 싸진다. 가려고 하는 날짜가 정해지면 여행사, 항공사 실시간 예약 홈페이지, 소셜 사이트, 여행 카페 등을 조회한 다음 가장 저렴한 곳에서 구입하는 게 바람직하다.

✈ 언빌리버블!
극성수기 항공권 싸게 사는 꿀팁!

"코드셰어 신공" "카약 · 히든시티 신공"

짠내투어족에게 불가능은 없다. 도무지 불가능할 것 같은 극성수기 휴가철에도 틈새는 있다. 그래서 간다. 살인바가지도 감내해야 하는 극성수기, 휴가철에도 통하는 항공권 짠내구입 비법! 짠내투어 고급 단계로 보면 된다. 용어도, 실전 적용도 복잡하고 힘들 수 있다. 어렵다고 절대 좌절하지 마실 것. 짠내투어족의 최고 만렙 단계, 고지가 코앞이니까.

코드셰어 신공이 뭐길래

짠내고수들 사이에 폭발적인 인기를 끌고 있는 '반값 항공권' 신공이다. 유식한 말로 '코드셰어(Codeshare agreement, 공동운항협정)', 쉽게는 '델타, 에어프랑스 신공'으로 통한다. 한때 유행했던 '델타 신공'의 업그레이드판이라 보면 된다. 델타 신공이란 게 이런 거다. 쉽게 말해 항공사 마일리지를 활용한 할인 기법. 가장 요긴한 게 하와이 노선이다. 이 구간 델타항공과 대한항공은 코드셰어 계약을 맺고 있다. 코드셰어는 상대 항공사 일정 좌석을 할당받아 자사 항공편명으로 판매하는 제휴를 말한다. 일종의 항공사 간 품앗이다.

델타는 한국에서 하와이까지 운행하는 직항이 없다. 이 때문에 제휴사인 대한항공을 이용했다. 이때 델타항공에서 마일리지로 항공권을 구매하는 꼼수가 델타 신공이다. 그러니까 항공사별 마일리지 차감률이 다른 점을 노린 것. 당시 대한항공으로 하와이를 왕복한다면 이코노미 7만 마일, 비즈니스는 10만 5,000마일씩 차감됐다. 델타는 차감률이 낮다. 이코노미 4만 마일, 비즈니스 7만 마일씩이다. 이것만 따져도 50만 원이 추가 절약된 셈이다.

코드셰어의 응용편, 에어프랑스 신공

에어프랑스 신공은 코드셰어 신공의 응용, 즉 업그레이드판이다. 프랑스 노선에 이 원리를 적용한 거다. 프랑스 노선엔 대한항공과 에어프랑스 간 코드셰어 계약이 맺어져 있다. 인천 출발이면 국적기 대한항공의 항공료가 에어프랑스보다 비쌀 수밖에 없다. 반대로 파리 출발편은 다르다. 그 나라 국적기인 에어프랑스보다 대한항공 항공료가 싸다. 알뜰족은 이 점을 노린다. 한국에서 출발할 때는 에어프랑스를 통해 항공권을 사되 대한항공의 항공기가 뜨는 스케줄로 예약하는 것이다(품앗이 코드셰어 구간이라 에어프랑스로 예약해도 대한항공이 뜨는 스케줄이 많다). 파리에서 올 때는 반대. 에어프랑스만 있는 시간대일 경우 그쪽에서 보면 외국 항공사인 대한항공을 통해 항공권을 사면, 몇 십만 원씩 절약할 수 있는 셈이다. 물론 왕복이 아닌 편도 항공권을 구입할 때의 얘기다. 사실 이런 구간이 의외로 많다. 작년 기준 대한항공은 29개 항공사 324개 노선에 코드셰어를 적용하고 있다. 아시아나도 마찬가지. 242개 노선에 27개 항공사와 계약을 맺고 있다. 코드셰어 방식도 여러 가지다. 대표적인 게 세 가지. ① 계약된 숫자 내에서만 상대 항공편의

좌석을 판매할 수 있는 '블록시트(block seat)', ② 같은 수의 좌석을 맞바꾸는 '시트스와프(seat swap)', ③ 좌석 제한 없이 상대 항공편 좌석을 자유롭게 판매할 수 있는 '프리세일(free sale)'이다. 항공사 간 협약이 빈번한 요즘엔 프리세일 방식이 대세다.

대한항공-에어프랑스 신공은 아시아나에서는 '한붓그리기' 기법으로 통용된다. 한붓그리기는 아시아나와 스타얼라이언스(Star Alliance, 세계 최대 항공 동맹체) 제휴를 활용하는 것이다. 일본-싱가포르 노선이 대표적이다. 스타얼라이언스 제휴사 마일리지로 항공권을 구매하면 훨씬 싼값에 구매가 가능하다.

카약 · 히든시티 신공

코드셰어 신공과 함께 여행고수들이 자유자재로 쓰는 신공 두 가지가 더 있다. 이름하여 카약 신공과 히든시티 신공. 용어만 봐도 어렵다. 내용은 더 어렵다. 하지만 도전해 봐야 한다. 우리는 최고의 짠내투어족, 짠내투어 만렙 내공을 지향하는 짠내전사들이니깐.

카약 신공부터 잡고 간다. 카약 신공은 다구간 항공권을 검색해 가장 싼 티켓으로 여행 루트를 잡는 경유 신공이라고 보면 된다. 카약은 항공권, 호텔 숙박, 렌터카 등 각종 여행 상품을 최저가로 검색해주는 '카약닷컴(www.kayak.com)'을 말한다. 카약에서 항공권 검색을 하면 다구간 티켓이 몽땅 검색된다. '예컨대 출발지 인천공항-도착지 미국 샌프란시스코'만 치면, 이 사이의 경유 항공권을 모두 찾아주는 식이다. 과거엔 카약뿐이었지만 요즘은 다구간 검색 어플리케이션과 사이트가 많아졌다. 익스피디아(www.expedia.co.kr), 원트래블(www.onetravel.com), 칩오에

어(www.cheapoair.com) 등 해외 사이트도 있고, 여행사 사이트에서도 이 검색을
해주는 곳이 많다.

카약 신공의 사용법은 간단하다. 예컨대, 인천에서 샌프란시스코까지 간다고 치
자. 카약닷컴을 포함해 다구간 검색 사이트의 출발지에 인천을 넣고, 도착지에 샌
프란시스코를 쳐 넣은 다음 검색만 하면 끝. 만약 '인천-중국-샌프란시스코' 경유
항공권(다구간 항공권)이 총액 기준 가장 싸다면 이걸 선택하면 된다. 직통 대비 경
유 구간, 게다가 가장 싼 경유지를 거쳐 가는 다구간 루트를 택하면 원래 항공권 대
비 20~30%까지 가격이 싸진다. (물론 물리적인 시간, 피로도는 가중될 수밖에 없
다.) 심지어, 출발지가 인천이 아닌 '일본-인천-샌프란시스코' 항공권도 검색에 걸
린다. 만약 이게 싸다면 출발지를 일본으로 바꾸면 된다. 일본까지는 저가항공으로
싸게 간 다음 나머지 원했던 구간을 가는 것이다.

'히든시티 티케팅(Hidden City Ticketing)'이라는 신공도 재밌다. 편도 티켓을 싸게 활용하는 신기술이다. A에서 출발해 B로 가는 경우를 생각해 보자. 만약 'A−B' 편도 티켓보다 B를 경유하고 C로 가는 티켓이 저렴할 경우 'A−B−C' 티켓을 구매한 뒤, C로 가지 않고 B에 머무는 식이다. 항공권 상에선 A 출발, C가 목적지로 표시되니 B(원하는 목적지)가 '히든시티(숨겨둔 도시)'가 되는 셈. C로 가지 않는 것은 '나타나지 않는다'는 은어를 써 '노쇼(No Show)'라고 한다. 구체적인 예를 보자. 스킵래그드닷컴(skiplagged.com)을 통해 미국 오하이오주의 주도인 콜럼버스에서 노스캐롤라이나주에 있는 샬럿으로 향하는 항공권을 찾으면 '콜럼버스−샬럿' 직항편뿐만 아니라 샬럿을 거쳐 다른 도시로 가는 항공권까지 모두 검색된다. '콜럼버스−샬럿−내슈빌' 항공권이 가장 싸다면, 이 티켓을 구입해서 '콜럼버스−샬럿' 구간만 가는 거다. 경유지이자 '숨겨진 도시'인 샬럿이 내슈빌 대신 최종 목적지가 되는 셈이다. 내슈빌엔 노쇼를 하면 된다.

이게 실제로도 상당한 가격 차이를 보인다. 대부분 미국 도시들의 경우 30~40%까지도 가격 차이가 난다.

히든시티 티케팅은 북미의 소도시에서 허브 공항이 있는 대도시로 이동할 때 주로 쓰인다. 뉴욕, 애틀랜타, 로스앤젤레스, 토론토 등 주요 도시의 공항은 노선이 다양해 경유 항공편이 많다. 물론 아킬레스건은 있다. 히든시티 티케팅을 활용하면 짐을 부칠 수 없다. 체크인할 때 수하물을 맡기면 최종 목적지까지 가버려 경유지에서 찾지 못한다. 그래도 어떤가. 싸다는데.

✈ 하늘의 달인 승무원들의
짠내 필살기

<u>"항공사 승무원이 꼽은 꿀팁"</u>

그런 게 있다. 절대 남에게 공개하고 싶지 않은 꿀팁. 즉, 나만 알고 싶은 꿀팁. 최고의 여행고수로 불리는 항공사 승무원들에게도 그들만의 알뜰여행 필살기가 있다. 다음은 여행의 달인 대한항공 승무원들이 꼽은 알짜 팁들이다.

인터넷 · 모바일 탑승수속을 활용하라

요즘 공항에 가서 기다리면 바보다. 대한항공뿐만 아니라, 최근 전 세계 항공사들은 웹체크인 서비스와 함께 모바일 탑승수속 서비스 등 다양한 방법으로 탑승수속 편의를 돕고 있다. 이것만 활용해도 공항 수속시간을 두 배 이상 줄일 수 있다. 키오스크(KIOSK, 자동화 시스템)를 통한 웹 체크인도 대세다. 인터넷, 모바일에 익숙지 않아 활용하기 두렵다고? 걱정 붙들어 매시라. 키오스크 옆에는 해당 항공사 도우미 직원이 상주하고 있다. 예약번호와 여권번호만 알려주면 친절하게 수속을 밟아준다.

좌석 사전 배정 서비스 놓치지 말 것

요즘 해외 출발당일 좌석을 지정하면 좋은 자리 잡기 하늘에 별 따기다. 이유가 있다. 대부분 여행족들이 '좌석 사전 배정 서비스'를 활용하기 때문이다. 군이 출발 당일 공항 카운터에서 '창가, 복도, 비상구열' 자리를 달라고 소리 지를 필요 없다. 고수들은 사전에 미리, 클릭으로 창가, 복도 좌석을 지정한다. 인터넷 모바일에 익숙지 않다고 역시나 두려워 할 필요 없다. 전화만 해도 된다. 최대 출발일 3개월 전부터 지정을 할 수 있다.

특별한 기내식이 있다

기내식도 알고 보면 다양하다. 항공사들은 건강, 종교, 연령 등 다양한 고객 니즈를 고려해 특별 기내식을 제공한다. 스파게티, 돈가스, 햄버거 등 어린이 전용 메뉴도 있다. 단, 사전 신청은 필수. 보통 항공기 출발 24시간 전까지다. '항공사 콜센터'로 전화해 사전 주문하면 된다.

노트북, 카메라는 반드시 기내로!

예상보다 잦은 게 수하물 관련 분쟁이다. 당연히 각별한 주의가 필요하다. 노트북이나 카메라를 비롯해 고가의 전자제품이나 귀중품 등은 분실이나 파손의 위험이 있으므로 반드시 기내로 휴대할 것.

사전 주문하면 더 싼 기내 면세쇼핑

기내 면세품 사전 주문제도 의외로 모르는 분들 많다. 해외여행 출발 전이나 출국 편에서 원하는 면세품을 미리 주문한 뒤 기내에서 주문품을 전달받는 방식이다. 특히 한·일, 한·중 단거리 노선은 짧은 비행시간으로 기내에서 구입할 수 있는 면세품이 제한되어 있으니 이 제도 요긴하다. 무엇보다 매력적인 건, 추가 할인이 있다는 거다. 짠내 면세쇼핑의 완성. 그게 사전 주문제도다. 기억해 두시라.

공항별 특성을 파악하라

환승이 잦을 땐 유일하게 쉴 곳이 공항이다. 당연히 공항별 특성을 미리 파악해 둬야 한다. 나리타 등 해외 공항에서는 유료(30분에 1만 4,000원 정도)인 경우도 있지만 인천공항을 포함한 여러 공항에는 공짜 샤워장이 있다. 항공사 라운지는, 특히 킬링 타임엔 필수다. 세계적인 라운지 이용 프로그램인 '프라이어리티패스(www.prioritypass.com)' 사이트에 회원으로 가입해두면 된다.

스마트폰 활용해 똑소리나게 여행하기

스마트폰, 이젠 필수품이다. 두터운 여행책자, 지도 다 필요 없다. 데이터 무제한 요금제를 활용해 현지에 가서 스마트폰을 활용하는 방법, 요즘 여행의 트렌드다. 도착지 교통정보와 지도 등 여행정보를 내려받는 건 기본. 간단한 생활회화나 추천 식당 정보 등도 스마트폰에 담아 현지에서 써먹으면 된다.

여행사 직원들만 아는
짠내 티케팅 비법

"여행사 직원이 털어놓은 알짜배기 팁!"

여행의 달인 꿀팁 2탄이다. 이번에는 여행사 직원들이 항공권을 싸게 끊고 싶을 때 활용하는 알뜰 필살기다. 하나투어, 모두투어와 함께 여행박사 직원들에게 '도대체 여행사 직원들은 어떻게 싼 항공권을 끊어서 여행을 갈까?' 단도직입적으로 물었다. 그런 협박질문 끝에 나온 필살기 세 가지. 벤치마킹 잘만 하면 돈 버는 꿀팁이다.

패키지상품에 '조인', 단체할인 효과 누려라

기발하다. 아니, 끝내준다. 잘 보고 따라하시도록. 항공권을 단체로 끊으면 싸진다는 건 누구나 안다. 여행사 입장에서는 구매 인원이 많으니, 요금을 할인해주는 거다. 많게는 10~20%까지 싼 경우도 있다. 여기서 팁. 혼자 가거나 소수의 가족들이 간다면 사실 이 단체 항공권은 그림의 떡이다. 이럴 때, 이 그림의 떡을 먹는 방법이 있다. 패키지 회사에서 판매하고 있는 상품에 항공권만 조인(Join)을 해서, 마치 단체처럼, 기존 예약자와 묶여 단체항공권으로 구매할 수가 있는 거다. 단, 패키지 일정과 동일하게 항공 스케줄이 짜이는 건 각오해야 한다. 당연히 출발 시간과 귀국 시간 변경도 어렵다. 하지만 싸다는 거. 물론 일정액을 추가한다면 최대 15일까지 항공권을 연장해서 사용할 수도 있다.

저가항공 특가 찬스, 검색순위 뜨면 늦다

두말 필요 없다. 무조건 싼 게 좋다면 저가항공사의 특가 항공권을 잡아야 한다. 최근 사이트가 다운이 될 정도로 많은 인원이 몰렸던 진에어 특가 항공권 예약과 같은 프로모션, 눈만 크게 뜨면 쉽게 찾아볼 수 있다. 물론 예약, 하늘의 별 따기다. 일단 포털 사이트에 실시간 검색어로 그 항공사의 이름이 떴다면 늦었다고 봐야 한다. 이미 사이트, 다운 상태일 게다. 이럴 땐 부지런해야 한다. 평소 원하는 여행지의 주력 저가항공사 사이트를 종종 접속해보는 게 가장 좋은 노하우다. 지역

별로도 저가항공사들이 주력으로 미는 특가 항공권이 거의 정해져 있다. 도쿄는 바닐라에어, 필리핀은 에어아시아제스트 및 세부퍼시픽항공 등이다. 이들 항공사는 회원 대상으로 프로모션 안내 메일을 미리 보내주기도 한다.

여행 · 항공사 SNS 등록, 나만의 비서로 만들어라!

여행을 싼 가격에 떠나고 싶은 욕망은 식욕, 수면욕 다음일지도 모른다. 싼 항공권 찾기, 사실 보통 일이 아니다. 눈을 부릅뜨고 웹서핑을 할라치면 정작 내가 떠나려는 날은 선뜻 구입하기 부담스러운 항공권뿐. 이럴 땐 스스로 알려주는 '항공권 찾아주기 비서'를 두면 된다. 비서라니, 너무 거창한 것 아니냐고? 아니다. 간단하다. 각 여행사, 항공사에서 운영하는 소셜네트워크서비스(SNS)에 가입만 하면 된다. 페이스북이나 트위터에 시일이 급한데 갑작스럽게 취소가 된 땡처리 항공권들이 불쑥불쑥 나온다. 다만, 출발까지 기한은 일주일에서 열흘까지 짧은 게 대부분이다. 그래도 어떤가. 싼데.

✈ 비즈니스석
공짜 업그레이드 비법

정말 믿기지 않는 짠내꿀팁 하나 투척하고 간다. 짠내투어족 전용인 이코노미석, 이걸 비즈니스석으로, 그것도 공짜로 업그레이드를 하는 경이적인 비법이다. 억지스러워(?) 보이기도 하지만, 아니다. 이 팁, 근저에는 '오버부킹'의 맹점을 공략하는 놀라운 노하우가 들어가니까.

우선, 오버부킹부터 알고 가자. 오버부킹은 동남아 인기 구간에 자주 발생한다. 그러니깐, 방콕이나 괌 같은 인기 구간일 경우다. 항공사들도 이런 인기 구간엔, 보통 3~4시간 간격으로 2대의 비행기를 띄운다. 그런데 워낙 인기가 많다보니 성수기나 비수기 할 것 없이 이코노미석은 이게 다 풀부킹이 된다. 여기에서 문제가 발생한다. 항공사, 그냥 딱 정원만 받으면 문제가 없을 텐데, 갑작스런 취소에 대비해 전체 정원대비 5~10% 정도 더 많은 인원에게 예약을 받아둔다. 사건은 그다음 발생한다. 모든 인원이 취소 없이 출발하는 바로 그때다. 이러면 오버부킹이라는 심각한 사태가 발생한다. 업계 용어로는 배가 터진다는 표현을 쓴다. 어쩔 수 없이 항공사들이 예약이 덜 된 비즈니스석이나 심지어 퍼스트클래스석에 넘치는 예약인원을 태워야 하는 것이다.

그렇다. 비즈니스석 공짜 업그레이드 비법이 통하는 게, 바로 이 지점이다. 자, 그럼 지금부터 공짜 업그레이드를 위한 행동수칙, 바로 들어간다.

무조건 일찍 공항에 갈 것

첫 번째 수칙, 무조건 공항에 일찍 가야한다. 방콕, 괌, 사이판 같은 인기 구간은 동일한 항공사에 보통 2~3시간 간격으로 떠나는 비행기편이 있다. 일단 두 비행편 다 풀부킹 상태(오버부킹)여야 한다. 그러면 지금부터 이해하기 쉽게 상황극 스타트.

A라는 여행객이 있다고 치자. 밤 7시와 밤 10시 인천공항에서 괌으로 떠나는 D사의 비행편이 있다고 가정하자. A씨의 여행편은 밤 10시라고 또 가정하자. 이런 경우일 때 A씨가 공짜 업그레이드를 원한다면 일단 마치 밤 7시 출발 여행족인 것처럼 공항에 일찍 나가야 한다(대략 4~5시간 전이다). 나가서 밤 7시 티케팅 진행을 위해 직원들이 창구에 앉은 그 타이밍에 바로 앞쪽에서 어슬렁거리면 끝. 직원들이 눈치를 보다 조용히 부르는 경우가 있다. 그러면서 물어본다. 혹시 몇 시 출발이시냐고. 이럴 때 솔직하게 밤 10시 출발이라고 답변을 해 주면 된다. 그러면 그 직원이 다시 물어본다. 혹시 밤 7시 출발편도 있는데, 타시지 않겠냐고? 아, 이러면 끝이다. 이게 비즈니스 공짜 업그레이드 당첨의 신호다.

이왕이면 정장을 입을 것

두 번째 수칙. 되도록이면 정장을 입어야 한다(사실 대부분 휴양지라 정장 입는 것, 불가능할 수 있다). 비즈니스석이나 퍼스트클래스석은 일단 드레스코드를 엄격하게 따진다. 그러니, 정장을 입을수록 공짜 업그레이드 확률이 높아지는 거다. 물론 여기에 가산점이 붙는 항목이 한 가지 더 있다. 기왕이면 이 항공사의 마일리지가 높아야 한다. 우수 고객일수록 당연히 비즈니스석 업그레이드 확률이 높아질 수밖에 없다.

이게 과연 가능할까, 의문이 드실 게다. 친한 변호사 분들, 대부분 이런 경험이 한 번씩은 다 있다며 혀를 내두른다. 그만큼 확률이 높은 팁이다. 필자 역시 믿기지 않

아 항공사 직원에게, '그러면 이 두 가지를 다 지킬 경우 비즈니스 업그레이드 성공할 확률을 숫자로 좀 일러 달라'고 요청했다. 돌아온 답변, 정말이지 놀랍다. 80% 이상이었으니까.

✈ 돈 제대로 되는 마일리지 이용 필살기

맞다. 이거, 항공사 마일리지에 딱 맞는 말이다. 이번에는 마일리지 공략 짠내비법이다. 역시나 제대로 써먹으려면 노하우, 외워둬야 한다.

친구 항공사도 공략하라

외국 항공사를 이용해도 자신이 사용하는 국내 항공사 마일리지를 적립할 수 있다. 대한항공과 아시아나항공은 각각 제휴 항공사를 두고 있다. 대한항공은 제휴 항공사인 스카이팀 항공사에 델타항공, 에어프랑스 등 총 19개 항공사가 속해 있다. 아시아나항공은 항공사 동맹체인 스타이얼라이언스 정규 회원사다.

부족한 마일리지는 합쳐라

아, 이게 뭔가. 공짜 항공권 끊으려니 딱 150마일리지가 부족하다. 그렇다고 또 여행을 다녀올 수도 없고. 이럴 때 비법이 '합산'이다. 항공사에 회원으로 등록된 가족들의 마일리지를 합치면 된다. 대한항공과 아시아나항공은 직계존비속과 외조부모, 배우자의 부모, 형제 등 가족 마일리지를 합산할 수 있도록 하고 있다. 아시아나항공은 본인을 포함해 5명까지 합칠 수 있다. 물론 가족끼리 마일리지 양도도 가능하다.

마일리지, 아끼면 × 된다

마일리지에도 유효기간이 있다. 대한항공은 탑승일로부터 10년, 아시아나항공은 회원 등급에 따라 10~12년이다. 반대로 일본항공은 유효기간이 3년인 곳도 있다. 그러니 마일리지가 일정액 이상 쌓였다면 그때그때 써야 한다. 제주도나 일본, 중국과 같은 단거리 항공권은 공제 마일리지가 각각 1만 점, 3만 점으로 적은 편이니 적극 활용할 것.

이왕이면 편도 항공권을 끊어라

이름하여 편도 신공. 마일리지 항공권은 편도를 끊는 게 훨씬 이득이라는 것, 의외로 모른다. 대한항공과 아시아나항공은 외국에서 제3국으로 갈 때 직항편이 없는 경우 한국을 경유해서 가는 이원 구간 마일리지를 적게 차감한다. 예컨대 이런 식. 1년 안에 일본과 독일을 각각 여행할 계획이 있다면 인천-일본, 일본-인천(경유)-독일, 독일-인천 구간을 나눠서 발권한다. 인천은 일명 스톱오버 여행지가 되는 것이고 최장 1년간 머물 수 있기 때문에 실질적으로 따로따로 여행할 수 있다. 이 경우 마일리지로 인천-일본, 인천-독일 구간 왕복 항공권을 각각 구매할 때보다 공제 마일리지가 적다.

ex) 마일리지 공제율

왕복 항공권	편도 항공권
인천–일본 3만	인천–일본 1만 5,000
인천–독일 7만	일본–인천–독일 3만 5,000
	독일–인천 1만 5,000
합계 10만	합계 8만 5,000

성수기 No, 비수기를 노려라

무조건 비수기가 낫다. 수요와 공급의 법칙. 당연히 성수기 차감률이 높다. 대한항공과 아시아나항공 모두 국내선은 비수기 1만 마일/성수기 1만 5,000마일, 동남아는 비수기 4만 마일/성수기 6만 마일, 일본이나 중국은 비수기 3만 마일/성수기 4만 5,000마일을 차감한다.

TOUR
2

무조건 외워라!

짠내투어 상식

항공권 반값 티케팅으로 짠내투어를 시작했다면, 지금부터는 제대로 된 실전편. 여행의 다양한 상황들 속에서 써먹을 수 있는 돈 되는 꿀팁이다. 이거 잘만 하면 한 달 치 월급 챙겨갈 수도 있다.

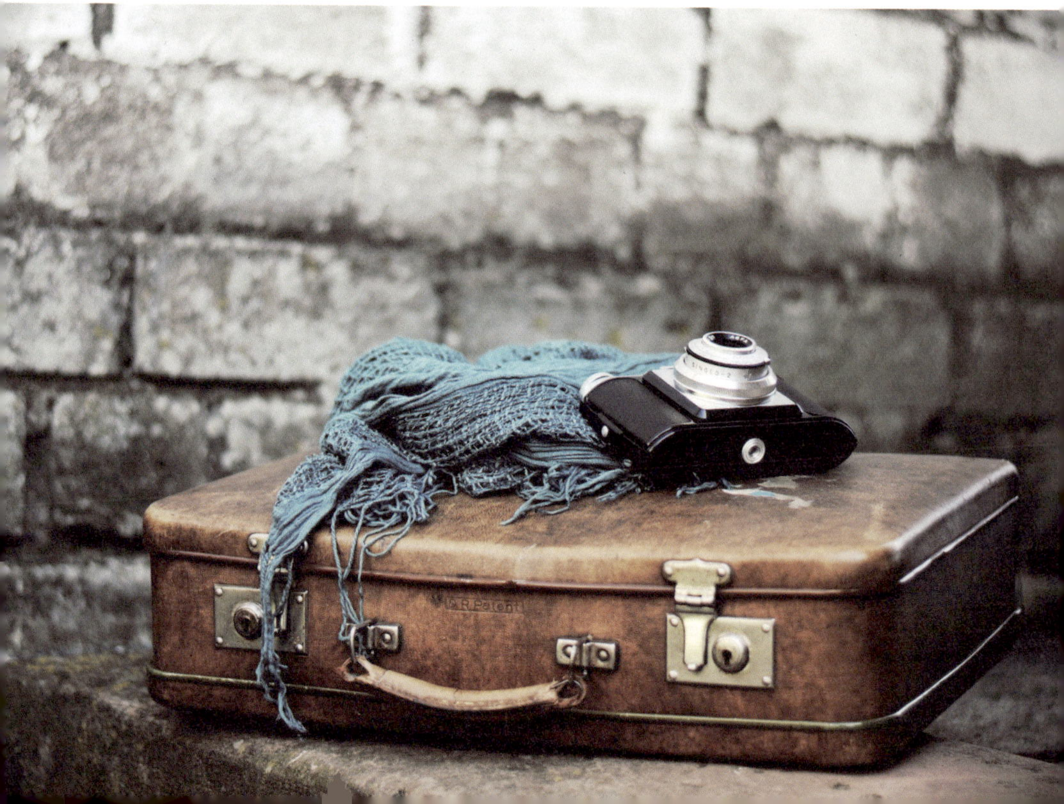

✈ 인천공항까지
가장 싸게 가는 비법

자가용 4인 가족 기준 통행료 6,600원 + 주차비 9만 원 + 기름값 왕복 1만 원(*추가비용 현지 발렛서비스 1~2만 원)

택시 서울역 출발 기준 6~8만 원(강남, 분당권 10만 원)

공항철도(직통) 4인 가족 기준: 8,000원×4 = 3만 2,000원(제휴할인 6,000원 → 2만 6,000원/제휴카드 항공권 구매 시 무료혜택) + 수하물 미리 전송 + 패스트트랙(출국)

공항철도(일반) 4인 가족 기준: 4,150×4 = 1만 6,600원

짠내투어족이라면 무조건 알고 있어야 할 넘버원 꿀팁, 인천공항까지 저렴하게 가는 법이다. 이거 의외로 무시하는 분들 많다. 천만에. 동선만 잘 택해도 여기서 제주 왕복 항공권 값 건질 수 있다. 가는 방법 스튜핏으로 고르면, 10만 원 이상 비용이 더 든다. 충격이지 않은가. 바로 결론부터 공개한다. 몸이 좀 힘들기는 해도 공항철도(일반열차)다. 시간 편의성까지 고려한 가성비 종합점수는 공항철도, 그것도 '직통'이 가장 현명한 수단이다.

10만 원 이상 싸게 가는 마법의 공항철도

한국인들이 가장 많이 가는 3박 4일 동남아 투어(4인 가족 기준)를 예로, 비용을 산정한 결과다. 지금부터 찬찬히 뜯어보자. 가는 수단은 크게 네 가지(서울 시내-인천공항). 자가용, 공항 리무진, 택시, 공항철도다.

우선 자가용. 편하지만 비용 면에선 넘버원 스튜핏이다. 통행료는 6,600원, 주차비는 최대 9만 원가량 나온다. 여기에 기름 값까지 합한다면 장난이 아니다. 물론 아이가 있거나 5명 정도가 이용할 경우, 혹은 경차나 저공해차량이어서 주차비를 50% 할인받을 수 있다면 장기주차장으로 도전해 볼 만하다. 하루 주차비만 2만 원이 훌쩍 넘는 단기주차장은 2배 이상 비싸니 절대 피할 것.

택시 역시 스튜핏이다. 주차 걱정을 하지 않아도 되는 건 좋다. 하지만 문제는 비용. 서울 시내에서 가면 기본 6만 원 이상은 각오해야 한다. 정체에 따라 7만 원에서 최대 8만 원 이상도 나올 수 있다. 공항 리무진은 인당 1만 5,000원씩 4명이니 총 6만 원이 소요된다.

그렇다면 가성비 갑 선택인 공항철도는 어떨까. 교통카드로 결제하면 4,150원씩 4명 합해서 1만 6,600원이면 끝. 당연히 일찍 출발해, 시간적 여유가 있다면 공항철도 일반열차를 추천할 만하다.

총알 출국 가능한 패스트트랙 혜택은 보너스

시간이 빠듯하고 편하게 가고 싶다면 직통열차가 딱이다. 일반열차에 비해 약 15분을 절약할 수 있다. 심지어 지정좌석제다. 공항까지 서서 갈 일도 없다. 캐리어를 보관하는 장소가 마련돼 있으니, 보다 편하게 갈 수 있다.

직통열차 요금은 일반열차보다는 비싼 편이다. 8,000원씩 4명이서 3만 2,000원 수준. 하지만 할인이 있다. 세 명 이상 탑승하거나 각종 제휴 할인을 적용하면 2만 6,000원까지 떨어진다. 제휴 카드 소지자 중 해당 카드로 50만 원 이상 항공권 구매 시, 직통열차 편도 이용이 무료인 것도 있다. 직통열차 승차권은 온라인 예매가 불가능하며, 서울역·인천공항역 직통열차 고객안내센터 및 인천공항 트래블센터에서 구입할 수 있다.

직통열차의 강점은 또 있다. 서울역 도심공항터미널 이용이 무료라는 것. 여기서 끝이 아니다. 직통열차 이용객은 서울역에서 탑승수속과 수하물 탁송 및 출국심사를 마친다. 인천공항에 도착해서는 무조건 패스트트랙이다. 일반 출국통로 옆 전용 출국통로로 재빠르게 빠져나간다. 당연히 출국시간도 일반 승객보다 1시간 이상을 절약할 수 있다.

아, 주의사항 한 가지. 탑승수속이 가능한 항공사(대한항공, 아시아나항공, 제주항공, 중국 동방항공, 티웨이항공)를 제외한 항공사 탑승권 소지자는 서울역 도심공항터미널에서 탑승수속 및 수하물 탁송, 출국심사가 불가능하다는 점, 염두에 두시라.

✈ 여권 발행, 무조건 3,000원 할인받는 꿀팁

짠내투어족. 여행의 시작부터 화끈(?)하게 할인받는 꿀팁이 있다. 마음 단단히 먹으시라. 그 시작은 여권 발급을 받을 때. 이때 무조건 3,000원 할인받는 놀라운 비법이 있다. 짠내족에게 3,000원이 어디인가. 비법부터 바로 간다. 짠내투어족

전용 여권, 이른바 알뜰여권을 발급 받으면 된다. 아니 여권이라면 다 같은 여권이지, 알뜰여권이라는 건 뭘까.

알뜰이라는 단어에서 알 수 있듯이 일반여권보다 싸다. 일반여권이 보통 4~5만 원대인데 이것보다 3,000원이 싼 여권이다. 이쯤 되면 바로 의심이 든다. 3,000원 할인된 만큼 입출국 때 차별 받는 건 아닐까. 천만에. 다 똑같다. 그저, 가격이 쌀 뿐이다. 세상에. 그렇다면 왜 쌀까.

지금부터 비밀을 공개한다. 여권 사증을 찍는 종이의 장수가 적어서다. 알뜰여권은 해외 나갈 때 도장 쾅(사증)받는 여권 종이의 장수가 24개 면이다. 우리가 일반적으로 알고 있는 여권의 사증란은 48개 면이다. 딱 절반이다. 당연히, 여행 자주 다니지 않는 일반인이라면 알뜰여권 그냥 써도 된다.

물론 여행을 업으로 삼고 비즈니스차 해외를 자주 들락거린다면 얘기가 달라진다. 알뜰족, 짠내족, 일반인들이라면 여권사증 찍는 종이에, 도장 한 대여섯 개 찍고 나면 어느새 갱신기간이다. 그러니 그냥 알뜰여권 3,000원 싸게 주고 쓰는 게 오히려 현명하다.

여권은 유효기간에 따라 발급 수수료가 달라진다. 유효기간 5년짜리 48개 면 일반여권은 4만 5,000원, 유효기간 5~10년짜리는 5만 3,000원씩이다. 알뜰여권은 여기에 각각 3,000원씩 할인이 된다. 그러니깐 유효기간 5년짜리 알뜰여권은 4만 2,000원, 유효기간 10년짜리는 5만 원인 셈이다.

알뜰여권은 왜 나온 걸까. 통계 덕이다. 실제로 외교부 조사를 보면 여권사증면 이용률이 극히 적다. 유효기간 내 10면 이내 사용 여행객 숫자는 무려 87.2%다. 20면 이내 사용 비율도 96.8%에 달한다. 여행족의 10명 중 9명은 여권 종이의 절반도 못 쓰고 버린다는 얘기다.

그렇다면 발급 방법? 쉽다. 간단하다. 자, 먼저 필자처럼 여행이 잦으신 분. 그냥 일반여권 발급 받으시면 된다. 반대로 해외여행 기회가 적으신 분. 볼 것 없다. 그 냥 알뜰여권으로 바꾸시면 된다.

알뜰여권, 효과도 쏠쏠하다. 3,000원만 아끼는 게 아니다. 무형의 절약 효과도 볼 수 있다. 여권 제작비가 주니, 우리가 내는 세금도 준다. 외교부는 매년 평균 발급 되는 320만 권의 여권 중 90%만 알뜰여권으로 대체돼도, 국민 여권 발급 수수료 부담이 약 80억 원 줄어들 것으로 전망하고 있다.

잊을 뻔 했다. 종전, 여권에 자동입출국심사 등록을 받아 놓았다고? 혹시 다시 신 청을 해야하는 것 아니냐고? 말 나온 김에 꿀팁 하나 더 드리고 간다. 자동입출국 심사(여권 하이패스 시스템) 원래는 인천공항 3층 등록센터에서 선등록을 마쳐야 했는데 요즘은 등록 안 해도 그냥 된다. 편리해진 세상이다.

 ## ✈ 여행사 뒤통수치기,
'함정 역공략' 패키지 싸게 가는 팁

선택

- 연합상품 싸고 불편하니 쳐다도 안 본다.
- 옵션(쇼핑·액티비티) 여행 거들떠도 안 본다.
- 대형 여행사만 고집한다.
- 안전이 최고! 본사 상품만 예약한다.

선택

- **연합상품도 OK**
  어차피 현지 랜드여행사(현지에서 안내하는 가이드의 소속 여행사)는 같다. 동일코스에 10만 원 이상 싸니 당연히 활용.
- **옵션여행, 오히려 즐긴다**
  전체 패키지 가격 20% 이상 싸지는데 당당히 즐긴다. '그랜드 캐니언 헬기투어 + 하와이 빅아일랜드 헬기투어' 같은 버킷리스트 옵션 무조건 선택. 쇼핑도 짜증내는 게 아니라 오히려 그 속에서 건질 수 있는 기념품 챙겨 나온다.
- **중견 여행사를 노린다**
  대형사 상품이라고 무조건 낫다고? 천만에. 대형사는 간접판매(대리점) 위주다. 대리점 수수료 당연히 붙으니 패키지 가격 올라간다. 중견 여행사는 직접판매(소비자에게 직접 판매, 전문용어로 '직판'이라고 한다)하니 동일코스에 패키지 가격 10% 정도 싸다.
- **대리점 미투 상품도 굿**
  제약업계도 복제약이 대세. 무늬만 같다면 전체 가격이 싼 패키지라도 오케이다.

여행사는 기업이다. 수익을 내야 한다. 당연히, 소비자 등치는 다양한 '함정'을 만들어 놓는다. 여기서 잠깐. 짠내팁 첫 번째 노하우, 들어간다. 이름하여 역공법. 그러니깐, 여행사들이 파 놓은 함정을 역이용하는 고수들의 그뤠잇한 팁이다. 물론 리스크는 있다. 하지만 누구나 안다. 하이리스크, 하이리턴이라는 투자의 공식. 여행도 투자다. 제대로 걸리면 슈퍼 그뤠잇한 혜택을 거머쥘 수 있다.

연합상품을 피하지 마라!

요즘은 누구나 아는 상식. 여행사들의 연합상품 패키지를 피하라는 거다. 우선 연합상품의 개념부터 알고 가자. 그러니깐 이런 식. A라는 여행사가 100명을 모아 출발시키는 유럽여행상품을 판다고 해보자. 당연히 모객이 쉽지 않을 수 있다. 이때 B여행사, C여행사를 끌어들이는 거다. 우리(A)가 40명 모을 테니, B가 30명, C가 30명을 모아 달라. 이런 게 연합상품이다. 한 여행사가 책임지고 여행 전체를 맡는 패키지상품보다 당연히 서비스질이 떨어질 수밖에 없다. 특히 현지 가이드나 현지 랜드서비스에 불만이 집중된다. 그래서 피하라는 게 일반적인 상식이다. 짠내투어 독자들은 이 지점을 역공한다. 연합상품, 기꺼이 가주는 거다. 왜냐? 이게 싸다. 오히려 연합상품이라고 10만 원에서 많게는 20~30만 원씩 싸게 파는 그뤠잇한 여행사도 있다.

그렇다면 현지 서비스가 떨어지는 부분은? 이것 역시 싼 만큼 감안을 하면 된다. 사실 현지 가이드는 현지 랜드여행사 소속일 경우가 많다. 대형 여행사의 단독 패키지 상품을 써도, 현지 여행은 대부분 랜드여행사에 맡긴다. 그러니 가이드 질, 따져봐도 거기서 거기다. 뭐 어떤가. 싸게만 가면 되는 거다.

옵션, 주의하라고? 오히려 즐겨라!

옵션, 스튜핏이다. 이건 상식 중의 상식이다. 그렇다면 옵션투어를 피할 경우 패키지 전체의 상품 가격은? 늘 이게 문제다. 한없이 올라간다. 노옵션 상품 보면 알지만, 같은 일정 구성으로 옵션쇼핑이 있는 패키지와 비교하면 최소 20% 정도 비싸다. 그러니 쇼핑이나 옵션투어, 피할 것만은 아니다. 피하지 못한다면 오히려 즐기는 게 그뤠잇이다. 요즘엔 나이아가라 폭포나 그랜드캐니언투어 때 오히려 크루즈나 헬기투어 같이 버킷리스트 옵션투어를 아예 넣어주는 고마운(?) 곳도 많다. 가격 좀 아끼려고 옵션투어 없는 상품 고르다 비용만 늘어날 수 있다. 꼭 해야 하는 것이라면, 오히려 즐기는 것도 해볼 만하다.

블루칩이 으뜸? 천만에, 옐로칩이 낫다

주식시장도 그렇다. 삼성전자 같은 블루칩, 쥐고 있어봐야 수익률 거기서 거기다. 오히려 수급에 따라 쉽사리 등락을 거듭하는 옐로칩들이 수익을 안겨주는 법이다. 여행사도 마찬가지. 대형사 고집할 것 없다. 모두투어 같은 대형사들은 대리점 영업(간접판매)을 한다. 당연히 대리점에 수수료를 떼 준다. 그러니 전체 패키지 가격, 이 수수료만큼 비싸진다. 반대로 참좋은여행이나 인터파크투어, 여행박사 같은 중견 여행사들은 고객과 직접 부딪친다. 대리점이 없으니, 같은 패키지 구성이라면 쌀 수밖에 없다(계란 유통 같은 경우를 떠올리면 된다. 중간 수수료를 챙기는 중간 유통판매상이 없으니 당연히 소비자가격이 내려간다). 대리점 수수료라는 게 천차만별이지만 대부분 전체 여행비용의 4~5% 정도는 차지한다. 그러니 블루칩, 고집할 것 없다. 과감히 옐로칩, 중견 여행사 상품을 고르는 게 현명하다.

여행사 대리점 '미투상품'을 노려라

앞서 모두투어 등 대형 여행사들은 대리점 영업을 한다고 했다. 각 지역이나 집근처 이마트 등에 있는 영업점, 그게 대리점이다. 이들은 본사 상품만 파는 게 아니다. 본사 이름을 따서 미투 상품을 만든다. 그러니깐, 본사에 있는 상품과 거의 같은 구성인데, 가격은 싼 패키지다. 여행고수들은 이 상품을 조심하라고 경고한다. 갑작스런 취소 같은 문제가 생겼을 때 피해를 볼 수 있기 때문이다. 아니다. 짠내족이라면 오히려 이런 상품, 노려볼 만하다. 같은 패키지, 그 구성에 가격이 20% 이상 싸다는데 어떤가. 물론 지진이나 현지 폭동 같은 예기치 않은 사고가 발생했을 때, 본사에서 인정한 상품이 아니라서 피해를 볼 수는 있다. 하지만 본사 역시 대리점 영업을 하는 만큼 도의적인 책임은 진다. 오히려, 이런 미투 상품을 노리는 것도 여행경비를 절약하는 꿀팁이다.

 환율에 따른
돈 버는 여행법

선택

- 출국 직전에 인천공항에서 환전한다.
- 현지 나가서도 카드, 환전한 현금, 가리지 않고 팍팍 쓴다
- 기내? 면세쇼핑 카탈로그 보다 갑자기 꽂히면 바로 사버린다.

선택

- 환전도 꼼꼼히. 환율과 원화의 동향을 따져가며 환전 시기를 조절한다. 급하다면 주거래은행(환전 수수료가 가장 싸다)에서 환전. 환전 수수료가 가장 비싼 인천공항은 무조건 피한다.
- 현지 나가서도 꼭 필요한 경우만 환전해 간 현금을 사용한다. 원화 강세기(환율 하락기)라면 신용카드를 활용하라.
- 출장이 잦다면 외화예금통장을 활용한다. 2%대에 달하는 달러 환전 수수료를 효과적으로 아낄 수 있는 방법이다.

짠내투어족이라면 환율에 따른 현지 돈 쓰는 법, 당연히 달리해야 한다. 먼

저, 환율에 대한 상식 간단하게 정리하고 가자. 다양한 변수가 있을 수 있지만 간단하게 공식처럼 이렇게 암기해 두면 편하다. 환율의 흐름은 원화와는 반대. 그러니깐 '환율 강세 = 원화 하락, 환율 약세 =원화 강세' 이렇게다.

자, 우선 환전법. 원화 약세기(환율 강세기)부터 보자. 으뜸 환전 원칙은 외화를 최대한 오래 보유하라는 것. 그러니 여행 끝나면 절대 남은 달러나 엔화, 위안화 서둘러 팔면 안 된다. 하루가 다르게 원·달러 환율이 오르니 보유하고 있는 만큼 이익이다. 최대한 원화 바꾸는 시기를 늦춰야 한다는 의미다. 2002년 일이다. 달러나 위안화는 아니지만 당시 생소했던 비트코인 얘기다. 홍콩 비트코인 여행을 기획하면서 비트코인 환전을 해두었는데, 귀국하자마자 정리를 해버린 거다. 그 비트코인, 그대로 가져만 있었어도, 수십 배까지 뻥튀기가 돼 있을 텐데. 이런 게 스튜핏이다.

원화 약세기, 해외여행을 갈 때는 반대다. 재빨리 환전해야 한다. 인천공항에서 나갈 때 환전을 한다면 비싼 환전 수수료에, 환율 인상분까지 쌍포를 맞게 되니 절대 금물. 집 아니면 회사에서 가장 가까운 주거래 은행에서 하루빨리 환전을 해두는 게 현명하다. 물론 '원화 강세기, 환율 약세기'라면 지금까지의 원칙, 정반대로 뒤집으면 된다.

원화 약세기엔 쇼핑의 원칙도 달리해야 돈을 벌 수 있다. 사실 해외여행 나갈 때마다 헷갈리는 게 쇼핑 포인트다. 예컨대 일반 면세점이 쌀까, 기내 쇼핑이 쌀까 하는 고민. 원화 약세기라면 볼 것 없다. 기내가 무조건 싸다. 같은 물건이면 기내에서 쇼핑을 하는 게 낫다는 의미다. 기내는 일반적으로 2개월 전 환율 기준으로 물건값을 정한다. 그러니 당연히 같은 물건이라면 기내가 이익인 꼴. 원화 약세기엔 '신

용카드 사용법'도 달리해야 한다. 사실 이게 외우기 쉽지가 않다. 그래서 공식 하나 공개한다. '원약현'. 그러니깐, '원화 약세기는 현금' 이렇게 외우면 된다. 반대로 원화 강세기라면 '원강카'다. '원화 '강'세기 해외쇼핑 땐 '카드'를 쓰라는 의미다.

해외에서 신용카드를 이용해 가맹점 물건을 구입하면 카드회사(또는 은행)는 가맹점의 물품대금 결제 요구에 따라 가맹점에 달러로 먼저 결제한 후 국내 은행에 결제를 요구한다. 이때 유격(기간 차이)이 발생한다. 짧게는 일주일 이내, 길게는 열흘 이상이 걸린다. 통상은 물건 구입 시점부터 청구대금 환율이 확정될 때까지 최소 나흘 정도가 걸린다. 물건 매입 시점에서 4~5일이 지난 후 환율이 적용되니 당연히 이 기간에 환율이 급락한다면 카드 사용자는 적은 돈을 추가로 지불하게 되는 셈이 된다. 원화 약세기는 반대다. 그러니깐, 환전해 나간 현금(원약현 공식)을 쓰면 된다. (물론 신용카드를 해외에서 쓰면 수수료가 붙는다. 이 변수는 복잡하니 제외한다.)

그렇다면 이런 경우는 어떨까. 해외여행 뒤 다시 달러를 곧 사용해야 하는 경우. 돈 바꾸고 바꾸다 보면 수수료만 날아간다. 이럴 땐 '외화예금통장'을 활용하는 게 돈 버는 비법이다. 환율이 크게 하락하지 않는 한 환전하지 말고 그대로 외화예금통장에 입금하는 게 유리하기 때문이다. 이유? 환율 하락에 따른 손실보다는 달러화를 살 때 적용되는 수수료 부담이 더 클 수 있어서다. 일반적으로 은행에서 달러를 사거나 팔 때 기준 환율에 붙는 수수료는 약 1.9%다. 달러를 샀다가 되팔면 매입 금액 3.8%에 해당하는 수수료를 추가로 내야 한다. 배보다 배꼽이 더 클 수 있다.

✈ 돈 버는
면세쇼핑 꿀팁

그뤠잇! 면세쇼핑

- 면세쇼핑 가능 날짜와 시간 체크
- 면세혜택 룰: 1인당 한도 600달러, 가족합산은 안 됨
- 신혼부부 특별혜택 철저히 챙길 것
- 모바일 포인트 혜택 100배 활용법 체크: 최대 3만 원 싸게 사는 비법

짠내투어족이 가장 민감해 하는 면세쇼핑. 당연히 짠내투어족을 위한 돈 버는 쇼핑법이 따로 있다.

면세쇼핑을 위한 꿀상식

우선 돈 버는 면세쇼핑을 위한 상식 체크. 해외여행을 떠난다면 면세쇼핑,

언제부터 가능할까. 이것, 의외로 모르는 분들이 많다. 일단 출국 비행기 편명이 확정돼야 한다. 그다음 출국날짜를 기준으로 30~60일 전부터 사면 된다. 신라와 동화면세점은 60일 전, 롯데면세점은 30일 전이다. 시내 면세점은 E-티켓 발권 후 두 달 전부터다.

일하느라 바빠, 결국 인천공항에서 쇼핑을 해야 한다면? 면세점 영업시간을 체크해 둬야 한다. 일반적으로 면세점 영업시간은 오전 7시부터 밤 9시 30분까지다. 이 시간 이후에는 24시간 면세점만 이용해야 한다. 짠내투어족이라면 24시간 면세 매장 위치는 미리 파악하고 외워두는 게 좋다. 여객터미널 27, 28번 게이트와 탑승동 115, 117, 118번 게이트 근처니 꼭 알아두실 것.

꼭 알아둬야 하는 면세혜택의 룰

면세혜택 룰이라는 것도 알아둬야 한다. 일단 합산 불가의 룰. 면세혜택은 가족이라고 합산되지 않는 게 원칙이다. 혜택한도는 1인당 출국과 입국의 면세 한도가 다르다. 출국 땐 면세점 쇼핑 한도가 3,000달러까지, 입국 땐 600달러까지다. 입국 때 600달러 한도는 외국에서 구입한 제품 가격뿐 아니라 외국 친구와 친지로부터의 선물 가격도 포함되니 요주의. 심지어 현행법상 중고 제품에 대해서도 관세를 부과한다는 것, 잊지 마시라.

최대 20% 더 할인받는 신혼부부

신혼부부 특별대우도 놓치지 말 것. 놀랍게 면세점이 가장 특별대우를 해주는 대상이 신혼부부다. 이유야 간단하다. 신혼 초, 첫 쌍쌍여행인데 씀씀이가 커질 수밖에 없다. 당연히 이런 점을 노리는 거다. 신혼부부라면 꼭 챙겨야 할 게 있다. 바로 청첩장. 수능시험 끝난 뒤 할인쿠폰으로 돌변하는 수험표처럼 청첩장이 면세점에선 할인증명서로 변신한다. 청첩장 챙겨가면 할인쿠폰처럼 혜택을 주는 곳, 의외로 많다. 회원 등급 업그레이드로 품목에 따라 5~20%를 추가 할인해주는 곳도 있으니 알아두실 것.

모바일 면세점 혜택이 가장 빵빵하다

면세쇼핑 때 가장 궁금한 것 한 가지. '기내, 일반 면세점, 모바일, 온라인 중 어디가 가장 싼 곳일까?'다. 고민할 것 없다. 가장 싼 곳, 무조건 모바일이니깐. 롯데, 신라, 신세계, 동화할 것 없이 일단 면세점 앱을 새로 깔면 신규 가입 혜택을 준다. 기본 5,000원 적립금에 각종 쿠폰까지 줄줄이다. 모바일 전용 적립금도 꽤 된다. 신규 가입 5,000원에, 출국일 입력 고객 1만 원씩 적립, 여기에 전 회원에게 주는 위클리(weekly) 적립금 1만 원까지 더하면 총 3만 원 가까이를 절약할 수 있다.

게다가 가장 큰 강점, 쇼핑 시간이다. 출국 3시간 전까지 구매가 가능하다. 인천공항은 3시간 전, 김포공항 출국은 5시간 전까지다. 끝내준다.

✈ 수하물 보상 제대로 받는 노하우

그뤠잇! 수하물 보상 규정

- **여러 번 경유했을 경우**
  마지막 항공사 분실 책임
- **분실로 인한 생필품 구입 보상**
  1인 1회 기준 타이항공 · 아시아나항공 최대 100달러/대한항공 최대 50달러
- **절대 보상 못받는 물품 리스트**
  깨지거나 부패하기 쉬운 물품, 하드케이스에 넣지 않은 악기류, 건강과 관련된 의약품, 고가의 물품(밍크코트), 개인 전자제품(노트북)과 데이터, 보석이나 논문처럼 가치를 따지기 어려운 귀중한 물건 등

여행을 자주 하다 보면 누구나 한 번씩 겪는 황당한 사건이 있다. 바로 수하물 분실이다. 눈감으면 코 베가는 게 항공사다. 이 보상법 제대로 알아둬야 당하지 않는다.

자, 우선 도착 지연보상금부터 알아두자. 사실 국내로 들어올 때 수하물이 지연되는 경우는 드물다. 공식 규정은 이렇다. 외국인에게만 보상이 가능하다는 것. 그러니까 내국인은 보상받을 수 없다고 생각하면 된다. 한마디로 스튜핏한 규정이다. 왜 그러냐고? 수하물 보상 규정은 거주지와 밀접한 관련이 있다. 지연보상금은 거주지가 없는 이들이 세면도구나 속옷 등 임시 생활용품을 구매하도록 하는 것이 목

적이어서다. 하루에 50달러(약 5만 9,000원) 안팎의 돈이 나온다. 당연히 국내 대다수 항공사는 국내 거주지가 없는 외국인에게만 보상해준다. 그렇다면 내국인의 경우 공항과 거주지가 멀리 떨어져 있는 상황이라면? 당연히 흔한 일인데, 이런 사정 쯤 고려하지 않는다.

다음은 해외로 나가는 경우. 그러니깐 기분 좋게 해외여행을 갔는데, 도착지에서 자신의 짐이 오지 않는 경우다. 황당할 뿐이다. '공항 짐 찾는 곳(Baggage claim area)'에서 자신의 짐이 30분 이상 나오지 않는다면 일단 분실을 의심해야 한다. 이 경우 볼 것 없다. 바로 공항 짐 찾는 곳 옆 수하물 접수센터를 찾아야 한다. 자초지종을 차근차근 설명한 뒤 접수증(분실)과 연락처를 들고 나오면 된다.

이런 경우도 있다. 비행기를 여러 번 갈아탔을 경우. 동원된 항공사가 2개 이상이라면 복잡해진다. 누구에게 따져야 할까. 간단하다. 마지막 항공사 책임이다. 꼭 기억해 두시라.

이참에 분실로 자신의 수하물이 완전히 사라졌을 경우 금액 보상 규정도 알아둬야 한다. 일단 연착. 하루나 이틀 정도 지나 수하물이 도착한 경우다. 이 사이 수하물 분실로 인해 어쩔 수 없이 옷가지와 생필품을 샀다면 그 비용은 고스란히 항공사 몫이다. 1인 1회 기준으로 타이항공과 아시아나항공은 최대 100달러까지, 대한항공은 50달러까지 보상해준다.

그다음은 분실. 분실로 간주되는 것은 3주가 지나도 발견되지 않는 경우다. 분실된 짐에 대한 보상은 가방 무게에 따라 달라진다. 보통 수하물 태그에 기록된 짐의 무게가 기준이다. 보상 금액은 1kg에 20달러 정도. 20kg 수하물이라면 400달러까지 보상받을 수 있다는 의미다.

마지막 심화 학습. 절대 보상받을 수 없는 물품 리스트다. 이것도 알아두는 게 좋다. 항의하고 소송해봐야 절대 보상 못 받으니깐. ① 깨지거나 부패하기 쉬운 물품, ② 하드케이스에 넣지 않은 악기류, ③ 건강과 관련된 의약품, ④ 고가의 개인 전자 제품과 데이터, ⑤ 보석이나 논문처럼 가치를 따지기 어려운 귀중한 물건 등이다. 노트북, 밍크코트는 당연히 보상 불가 품목이다.

가끔 이런 스튜핏한 경우도 있다. 그러니깐 인천공항에서 출국 전에 물건이 사라져버리는 일. 정신없이 출국수속을 밟다보면 가끔 이런 일이 생긴다. 이때는 분실한 위치를 제대로 파악하는 게 급선무다. 분실한 위치가 주차장이냐, 면세점이냐, 탑승 게이트냐에 따라 '관할 기관'이 달라진다. 여객터미널이나 탑승동, 교통센터 공용 지역(Public Area), 주차장이라면 인천국제공항 공항경찰대가 관리하는 유실물 관리소에 문의하면 된다. 장소가 면세점, 탑승 게이트, 입국장이라면 다르다. 이곳에서 분실한 물건이라면 인천공항세관에서 찾아야 한다.

✈ 여행 취소 수수료 물지 않는 그뤠잇 꿀팁

가끔 스튜핏한 경우가 생긴다. 예컨대 지진 같은 천재지변 상황이다. 어쩔 수 없이 잡아놓은 해외여행, 취소를 해야 하는데, 이게 장난이 아니다. 항공이나 여행은 출발을 앞두고 취소를 하게 되면 취소 수수료를 물어야 한다. 보통 1인당 200~300만 원까지 하는 유럽 여행의 경우 취소 수수료만 100만 원이 훌쩍 넘는 경우도 있다. 이때 필요한 게 여행 취소의 기술이다. 지금부터 공개하는 비법, 꼭 외워두시길. 잘하면 수백만 원까지 하는 취소 수수료 물지 않는 특급 꿀팁이니까.

우선 취소의 골든타임부터 외워두자. 국내 여행상품의 취소 골든타임은 '10일 전'이다. 10일 기준으로 이전이면 전액 환불, 나머지는 차례로 취소 수수료를 물어야 한다. 출발 10일 전 20%, 2일 전 30%, 1일 전 50%, 당일 100% 배상이 원칙이다.

다음은 해외여행. 여행사를 통해 패키지 해외여행을 예약했다가 취소하려면 골든타임 기준이 '30일'이다. 30일 이전이라면 무조건 전액을 돌려받을 수 있다. 이 골든타임 30일을 넘어서면 취소 수수료를 뗀다. 출발 20일 전(29~20일 사이) 총 상품 가격 10%, 10일 전(19~10일 사이) 15%, 8일 전(9~8일 사이) 20%, 하루 전(7~1일 사이) 30%, 당일 총 상품 가격 50% 배상이다.

여기까진 쉽다. 그렇다면 포항 지진이나, 북한의 도발 같은 천재지변의 경우는 어떨까. 취소 수수료, 물어야 하는 게 원칙이다. 물론 공정거래위원회가 마련한 표준약관에는 '천재지변, 전란, 정부의 명령, 운송·숙박기관 파업·휴업 등으로 여행 목적을 달성할 수 없는 경우'에 한해 손해배상을 청구할 수 있다고 명시돼 있다. 하지만 책임 소재를 밝히는 이 과정이 만만치 않다. 이런 경우 여행사가 유연하게 처리를 하거나, 분쟁의 소지가 발생할 경우 '합의'를 보게 된다.

항공권만 끊었다면 어떻게 될까. 항공사별로 취소 수수료 부과 기준이 조금씩 달라진다. 일반적인 기준은 이렇다. 출발 전이면 판매 운임 10%를 공제한다. 이미 하늘로 날아올랐다면(출발 후) 편도 운임과 잔여 운임 10%를 수수료로 떼 주어야 한다. 국내선은 출발 20분 전이 기준이다. 그 이전이라면 편도당 1,000원씩을 일괄적으로 뗀다. 출발 20분 전과 출발 시점 사이에 취소를 하게 되면 발권 운임 15%가 공제된다.

그렇다면 결국 취소 수수료는 100% 물어야 한다는 걸까. 천만에. 물지 않을 수 있는 놀라운 사례 세 가지가 있다. 당연히 슈퍼 그뤠잇한 노하우다. 바로 ① 가족 사망: 3촌 이내 친족의 사망으로 한정, ② 질병 등 여행자 신체 이상 발생으로 참가 불가능, ③ 배우자 또는 직계존비속이 신체 이상으로 3일 이상 병원 입원(출발 시점까지 퇴원 곤란)이다. 외워두시라. 써먹으시라.

이것저것 다 헷갈리고 복잡하다고? 당황할 필요 없다. 전화기를 든 뒤 한국소비자원(043-880-5500)이나 한국여행업협회(KATA) 여행불편처리센터(02-752-8692)로 연락만 하면 친절히 상담해준다.

✈ 비행기 연착?
40만 원 돌려받는 꿀팁

📢)) **그뤠잇! 연착 보상법**

- **항공편**　4시간 이상 연착 = 운임의 20%까지 보상(조건: 항공사 고의나 과실)
- **고속버스**　정상운행 소요시간 50% 초과 = 운임의 10%(정상 소요시간 100% 초과일 땐 운임의 20%, 예외 있음)
- **KTX**　20분 이상~40분 미만 연착 운임의 12.5%(40분 이상 60분 미만은 25%, 60분 이상은 50%씩)
- **일반열차**　40분 이상~80분 미만 연착 운임의 12.5%(80분 이상 120분 미만은 25%, 120분 이상은 50%까지)

안개 몰려올 때마다 매번 되풀이되는 항공기 연착. 해외여행 앞두고 이거 열받는다. 짠내투어족, 이런 상황 그냥 넘어가면 스튜핏이다. 당연히 쏠쏠한 보상받

아낼 수 있는 '한계선', 짚고 가야한다. 이번 꿀팁, 의외로 여행족들이 잘 모르는 '여행, 취소의 기술'이다.

이게 의외로 까다롭다. 늘 말썽이 불거지는 항공기 연착부터 제대로 보상받아보자. 우선 국제선. 무조건 '4시간 연착 = 보상'으로 외워두시라. 3시간? 애매하다. 2시간 역시 법적 분쟁의 소지가 있다. 4시간 연착? 이건 딱 걸린 거다. 소비자 분쟁 해결기준으로 보상 항목을 명시하고 있기 때문이다. 소비자 분쟁 해결기준은 항공사가 고의나 과실로 국제선 비행기가 4시간 이상 연착됐을 때 숙박비와 함께 항공 운임 20%를 배상하도록 명시하고 있다. 유럽행이라고 가정해보면 이런 식. 만약 편도 항공비용이 200만 원인데, 4시간 이상 늦어졌다면 운임의 20%, 그러니깐 40만 원과 함께 숙박비까지 돌려받을 수 있다는 의미다. 물론 이게 딱 정해진 건 아니다. 항공사마다 천차만별이다. 이 금액 정도의 바우처를 지급하는 항공사도 있고 아예 현금(달러)으로 보상해주는 곳도 있다.

필자 역시 '4시간 보상' 공식으로 300달러를 건진 적이 있다. 하와이안항공의 인천 첫 취항 때 하와이행 항공편이 4시간 이상 늦게 출발한 거다. 당연히 승객들 분통을 터뜨리고 난리가 났다. 그런데 이 소동, 하와이에 도착하자마자 순식간에 정리됐다. 하와이안항공 측에서 봉투에 300달러씩을 넣어 보상을 해 준 거다.

문제가 되는 건 틈새다. 그러니깐, 연착 시간이 2시간에서 4시간 사이일 때. 일단 규정은 있다. 전체 운임 중 10%를 항공사가 지급하도록 하고 있다. 하지만 2시간에서 4시간 사이는 항공사들이 은근슬쩍 넘어가는 경우가 많다. 법적 분쟁으로 이어져도 시간만 걸릴 뿐, 보상을 받아내기가 쉽지 않다.

아, 여기서 잠깐. 모든 연착 보상에는 단서가 붙는다는 것도 알아둬야 한다. '항공사 고의나 과실로 인한 연착'이어야 한다는 점이다. 당연히, 헷갈린다. 고의나 과실 정도, 제대로 따지기가 쉽지 않다. 그래서 늘 논쟁거리다.

다음은 국내선. 역시 항공사의 고의·과실로 인해 2~3시간 지연됐을 경우 해당 구간 운임의 20%, 3시간 이상은 30%까지 배상받을 수 있도록 하고 있다.

핵심은 역시 단서 조항이다. 기상 상태, 공항 사정, 항공기 접속관계, 안전운항을 위한 예견하지 못한 정비 등 불가항력적인 사유로 인한 경우는 제외다. 항공사들은 늘, 이 지점을 노린다. 불가항력적인 사유로 연착된 만큼 보상이 불가능하다고 주장한다.

항공뿐만 아니다. 고속버스도 연착 땐 요금의 일부를 돌려받을 수 있다는 것도 이참에 알아두시라. 고속버스 연착 때 참고해야 할 규정은 고속버스 운송사업 운송약관이다. 버스회사는 고장이나 교통사고 등으로 인해 지연 도착된 경우 지연 시간이 정상운행 소요시간의 50%를 넘어서게 되면 운임액의 10%를, 100% 이상일 경우에는 20%를 각각 환급해 주도록 규정하고 있다. 이것만 보면 설날이나 추석, 살인적인 교통체증 때도 보상을 받을 수 있을 것 같이 보인다. 하지만 이게 어디 쉬운가. 이때도 예외조항이 숨어있다. 천재지변, 악천후, 도로의 정체, 기타 불가항력적인 사태 및 정부기관의 명령이 있을 때는 예외로 둔다. 그러니깐 설날, 추석 같은 민족의 명절은 불가항력적인 사태로 간주하는 거다.

짠내투어족이라면 기차 연착도 보상을 받아낼 수 있어야 한다. KTX가 20분 이상, 일반열차의 경우는 40분 이상 지연될 때다. 만약 탑승을 포기했다면 영수금액 전체를, 도착역까지 갔다면 승차일로부터 1년 이내에 소지한 승차권을 역에 제출한 뒤 운임 일부를 돌려받으면 된다. KTX의 경우 20분 이상 40분 미만은 운임의 12.5%, 40분 이상 60분 미만은 25%, 60분 이상은 50%씩이다. 일반열차는 40분 이상 80분 미만은 12.5%, 80분 이상 120분 미만은 25%, 120분 이상은 50%까지 환급받을 수 있다. 연착 보상만 잘 받아도, 동남아 여행권 하나는 건질 수 있는 셈이다.

✈ 승무원도 숨기는 기내 무료 서비스

"깜짝 놀랄 만한 기내 서비스"

쉿. 승무원들도 숨기는 기내 무료 서비스편이다. 그러니, 알아두시라. 예약전문사이트 스카이스캐너 전 세계 항공사를 다 뒤져 소개한 내용이니 믿어도 좋다.

아, 요청하기 전에 스카이스캐너의 경고 사항 두 가지는 알아두자. 각 항공사마다 무료 서비스 다를 수 있는 것, 그리고 무료 서비스 무조건 해달라고 고집을 부리거나 큰소리로 컴플레인은 하지 말 것. 승무원도 사람이니까.

구급 용품

구급약 키트는 무료. 기내에서 일어나는 작은 응급상황에 대비한 것이다. 반창고, 붕대, 위생용품 등이 들어있다. 절대 기념품은 아니다. 응급상황 시에만 요청할 것. 최근에는 해열제, 진통제, 소염제 등 기내 응급약이 구비되어 있어 증상과 상황에 따라 약을 지급받을 수 있다.

기내식 리필

비행기에서 기내식을 먹은 후 또 달라고 할 수 있을까? 원칙은 안 된다. 기내식은 승객의 예약 수에 맞게 준비가 된다. 단, 틈새가 있다. 특히 늦은 밤이다. 기내식 분배가 마무리된 뒤에 분위기를 본다. 당연히 기내식을 건너뛰고 주무시는 승객들이 많다. 심지어 비즈니스클래스, 퍼스트클래스에서 남는 기내식을 주는 곳도 있다. 물론 가끔 운 좋을 때 일어나는 일이다. 정중하게 요청할 것.

조종실 방문

수백만 원을 주고도 경험할 수 없는 대박 행운이다. 물론 법적으로 탑승객들은 조종실에 들어갈 수 없게 되어 있다. 그러니 큰 기대는 하지 말 것. 특히 9 · 11 테러 사건 후로 더더욱 엄격해졌다. 스카이스캐너의 팁은 이렇다. 만약 착륙이 제시간에 이루어졌다면, 모든 탑승객이 내렸을 때 아이와 함께 살짝 양해를 구한다면, 의외로 흔쾌히 보여줄지도 모른다는 것.

아이들용 엔터테인먼트

일반적으로 승무원들은 처음 탑승할 때 어린이용 색칠 세트, 스티커 그리고 작은 어메니티를 제공하는 라운딩을 한다. 만약 이 과정이 없었다면 직접 승무원들에게 문의해도 된다. 항공사별로 다양한 어린이용 엔터테인먼트 키트가 준비돼 있다. 에미레이트항공은 어린이를 위한 종이 블록과 종이접기, 색연필 등 다양한 키즈팩이 있다.

공짜 생일케이크

역시나 몰라서 그냥 지나치는 서비스. 공짜 생일케이크다. 생일자라면 당당하게 요청하면 된다. 손바닥만하기는 해도, 그게 어딘가. 무료 케이크라는데. 기내식까지 한참 남았는데 출출하다면 간식을 요청해도 된다. 승무원들에게 견과류나 프레첼과 같은 스낵을 달라고 정중히 물어볼 것. 음료 서비스가 끝나면 가져다준다. 한국에서 출발하는 장거리 항공편은 기내 전등이 다 꺼질 때 컵라면을 제공하기도 한다.

나이트 키트

이 역시 의외로 모르는 분들이 많다. 나이트 키트. 편히 자고플 때 쓰는 도구들이다. 당연히 무료로 준다. 기내에서 오래 신발을 신으면 발이 부어 힘들다. 하지만 맨발로 있고 싶지는 않을 때, 양말을 달라고 요청하자. 항공사마다 승객들의 편안한

수면을 위해 트래블 키트에 슬리퍼를 제공하기도 하며, 눈가리개와 이어플러그도 따로 구비하고 나눠 준다. 개인 담요와 목베개가 구비되어 있는 항공사도 있다.

세면도구 & 뷰티 키트

입 냄새, 그리고 잇새에 음식물을 낀 채로 목적지에 도착하고 싶지는 않을 것이다. 장거리 탑승객들이 상쾌한 기분으로 나갈 수 있도록 일회용 칫솔과 치약이 들어있는 어메니티를 제공한다. 세면도구를 이용하여, 상쾌한 여행길을 떠나보자. 퍼스트클래스, 비즈니스클래스 승객 경우에는 명품 브랜드가 담겨있는 뷰티 키트를 증정해 준다. 항공사별로 개성이 있는 디자인의 어메니티 파우치와 함께 스킨 & 로션, 크림, 바디로션 등 화장품과 함께 세면도구가 들어있다. 대한항공은 미국 DAVI 키트를 준다. 한진 제주 퓨어워터로 만든 고급 워터 미스트는 머스트 잇 아이템으로 꼽힐 정도. 델타항공 비즈니스클래스 경우에는 투미, 키엘과 협업한 브랜드로 트래블 키트를 선물한다. 투미 파우치, 키엘의 립밤과 바디로션, 가글액, 귀마개 등이 포함된다.

✈ 아직도 로밍하니?
반값 통신비 필수 유심 신공

솔직히 유심(USIM), 필자는 잘 모른다. 자칭 타칭 여행고수라 자부하면서도 그냥 통신사가 판매하는 하루 1만 원짜리 무제한 데이터를 쓰고 만다. 일주일

나갔다 오면 데이터 비용만 7만 원이다. 이게 스튜핏이다. 여행고수들은 그뤠잇한 '유심 신공'으로 통신비를 절약한다. 심지어 IT를 잘 아는 왕초보 여행객들도 요즘은 유심 신공을 쓴다. 그래서 준비한다. 국외 유심 200% 활용법. 깔끔히 정리했으니 꼼꼼히 보시라.

유심 신공 제대로 뽀개기

기존 스마트폰은 그대로 쓴다. 다만 '유심칩'만 바꿔 사용하는 신공이다. 카카오톡과 같이 평상시 사용하는 앱을 그대로 이용할 수 있을 뿐 아니라 로밍보다 가격도 저렴하다. 당연히, 반값 그뤠잇이다.

유심 신공 강점은?

무엇보다 싸다. 이동통신사 데이터 정액제에 비해 매우 저렴한 가격 수준이다. 이동통신사 무제한 데이터로밍 정액제는 보통 하루 1만 원 혹은 1만 1,000원(부가가치세 포함)이다. 하지만 약점이 있다. 하루 100메가 이상 데이터를 속도 제한에 걸린다. 이게 미친다. 거의 3G 수준이다. 이 속도로는 구글맵 가동도 힘들 정도. 검색 사이트 결과보기도 힘들다. 유심은 어떨까. 가격이 뚝 떨어진다. 모바일어브로드(www.ma1.co.kr) 등 온라인 유심 판매업체들은 미국 유심, 유럽 유심을 파격가에 판매 중이다. 예컨대 한 달 4기가 이용할 수 있는 4G LTE 미국 유심은 단 3만 원대. 유럽 여러 나라에서 유심 하나로 데이터를 25기가 이용할 수 있는 쓰리유심은 단돈 4만 9,900원이다. 여행 기간 전체를 놓고 비교하면 정말이지 반값이다.

유심 구입 방법은?

인천공항에서 바로 해결할 수 있다. 우선 인천공항 전달 서비스. 미처 준비하지 못한 국외 유심을 간단한 주문 하나로 인천공항에서 전달받을 수 있는 서비스다. 모바일어브로드가 대표적. 인천공항 여객터미널에서 전화(1566-1248) 한 통을 하면 30분 내에 바로 유심을 수령할 수 있다. 현지 공항에 내려도 유심을 살 수 있는 곳이 공항 내에 바로 붙어 있다.

따로 준비할 것은?

여행객들은 컨트리 록(Contry Lock)이 해제된 휴대폰만 준비하면 된다. 대한민국에선 2011년 7월 이후 개통된 모든 휴대폰이 국외 유심을 이용할 수 있는 컨트리 록 해제 방식이다. 단, KT에서 개통한 구형 아이폰 3나 아이폰 4는 사전에 이동통신사에 전화해서 컨트리 록을 해제해야 한다.

여행 후 추가로 내야 하는 돈은?

인천공항에서 판매 중인 국외 유심은 선불이다. 추후에 내야 할 돈은 전혀 없다고 보면 된다. 미국 유심 한 달 3만 4,900원과 쓰리유심 4만 9,900원 외에 배송비가 약간 추가될 뿐이다. 장기 체류라면 무조건 유심이다. 유학, 국외 주재 혹은 장기간 배낭여행을 계획하고 있다면 국내에서 구입한 유심을 현지에서 직접 혹은 모바일어브로드 등 국내 업체를 통해 장기간 충전하면서 이용할 수 있다. 교통카드 충전과 동일하다고 보면 된다. 무슨 말인지 어렵게 들린다고? 아니다. 막상 해보면 쉽다. 도전해보시라.

✈ 여행비 통째 털림 요주의!
여행 사기 절대 당하지 않는 비법

아무리 아끼고 또 아껴도 어쩔 수 없는 경우가 있다. 바로 사기. 이게 사람 잡는다. 어어, 하다간 한방에 훅 간다. 환전의 기술, 요일의 기술, 알뜰여권까지 장착해 10~20만 원 줄이면 뭐하나. 사기 한방에 여행비 통째 털리는데. 그래서 공개한다. 짠내투어족이라면 무조건 알고 있어야 할 '사기 당하지 않는 필살기'. 세계적인 여행 전문지 〈론리플래닛〉이 추리고 추려 만든 여행 사기 열 가지 유형.

전 세계 모든 사기, 대부분 여기에 걸린다. 여행하는 나라에 따라 '응용'이 되니, 유연하게 대처하면 된다. 무조건 알아두시라. 보고 또 보시라.

가짜 경찰

제복이 주는 위압감, 한국이나 해외나 별반 다르지 않다. 게다가 환장한다. 믿을 게 현지 경찰밖에 없는데, 사기라니. 특히 필리핀, 러시아, 남미 등지에서 성행하고 있다. 경찰관이라며 여권이나 비자를 보여달라고 한 뒤 뭔가 잘못됐다며 벌금을 요구하는 유형이다. 이럴 땐 딱 한마디만 하시라. "경찰 신분증 보여달라(Let me see your POLICE ID)"라고. 간혹 진짜 경찰이 걸리는 경우도 있다. 그럴 땐, 당황하지 말고 '아이엠 쏘리'를 외치시면 끝.

보석, 카펫 사기

"어…" 하다 당하는 유형이다. 택시기사나 현지인, 심지어 가이드까지 접근해서 유혹한다. 오늘 특별히 할인행사가 있는 날인데, 보석이나 카펫을 싸게 팔고 있다, 귀국 후에 돌아가서 팔면 큰돈을 벌 수 있다고 꼬신다. 당연히, 바가지 옴팡 쓴다. 할인은 커녕, 정반대. 소개해 준 사람, 리베이트까지 뒷돈으로 들어가니, 바가지 따따블이다.

택시

한국이나 해외나 마찬가지다. 우리도 인바운드 여행 때 외국인들 상대로 1차 사기망에 걸리는 게 택시다. 미터기 할증 찍기, 아예 안 꺾고 마음대로 부르기,

이중 요금표 등 유형도 다양하다. 해외도 똑같다. 미터기 요금을 아예 작동하지 않게 하거나 가격흥정을 해 놓고 도착지에서 딴 소리를 하는 경우다. 요즘은 스마트폰이 있으니 GPS를 켜고 경로를 확인하면 된다. 특히 출발 전에 가격 흥정, 이게 요주의다. 흔한 게 발음 혼동. 영어 'teen'과 'ty'를 교묘하게 굴려 쓰니 손가락으로 미리 확인해 두실 것. 분명 세븐틴 달러(17달러)라고 해 놓고 세븐티(70달러)라고 우기는 식이다. 메모지 기록도 좋은 방법이다.

복권사기

현지인이 접근해 온다. 말을 걸다가 즉석 복권을 긁어보라고 한다. 당연히 100% 당첨. 선물을 티셔츠에서 현금까지 다양하다. 그리곤 한마디 한다. 자기와 함께 다른 장소에 가야 선물을 준다고. 따라가면 여행객들로 가득 찬 방이다. 그다음 본성을 드러낸다. 홍보물 보고 그다음 물건 사라고 강요한다. 버티면 사지 않을 수는 있지만 아까운 하루, 다 날아간다.

거기 문 닫았어요

식당 물어볼 때 속이는 방법이다. 인도 등지에서 택시 운전사나 삐끼들이 흔히 쓰는 수법. 당연히 물었던 곳은 영업 중이지만 문 닫았다고 속인 뒤 자신이 수수료를 받을 수 있는 곳으로 데려간다. 요즘은 스마트폰으로 식당이름 검색이 가능하니 무조건 확인해 볼 것.

모터바이크 수리 사기

자유여행족들이 자주 써먹는 게 자전거, 바이크를 빌려 현지투어를 하는 거다. 이럴 때 질 나쁜 업자한테 걸리면 된통 당할 수 있으니 요주의. 대부분 바이크가 손상될 경우 엄청난 수리비를 청구하는 식의 사기를 친다. 특히 호텔이나 게스트하우스 옆 렌탈하우스를 피해야 한다.

바이크 도난 사기

주차 역시 주의. 업자들이 열쇠를 가져와 자기가 빌려준 바이크를 훔쳐간 뒤

바이크 값을 청구하는 악랄한 경우도 있다.

새똥

복잡한 공원 등 핫스폿에 많은 유형. 새똥이 사람 잡는다. 머리에 뭐가 떨어졌다며 현지인이 수건으로 닦아준다. 정말이지 착하게 생긴 분이니, 이건 의심할 수도 없다. 수건에 시야도 가리고 정신도 없고. 그래놓고 물건 훔쳐간다. 겨자 소스를 엎는 경우도 있다. 심지어 새똥까지 가짜. 사기꾼 집에서 제작한 경우가 있을 정도로 빈번하다.

미녀의 동행

남성분들 요주의. 예쁜 현지인 아가씨가 접근해 온다. 분위기 무르익고 가볍게 술 한 잔. 그러다 보면 여자가 사라지고 없다. 남은 건 계산서. 요금 폭탄이다. 어느 곳에서든 미인계, 주의해야 한다. 특히나 요즘은 나홀로 싱글투어가 많으니, 주의 또 주의. 여성분들도 마찬가지다. 여행객들에겐 다니엘 헤니 같은 부드러운 남자가 접근한다. 방심하지 마시라.

숙소 사기

가장 흔한 유형이다. 친절한 현지인, 가이드북을 보고, 숙소이름을 얘기해주며 엄지를 추켜세운다. 누구든 속지 않을 도리가 없을 터. 찾아가면 꽝이다. 다 그 숙박업소와 짜고 치는 고스톱이다. 알아야 당하지 않는다.

싼 게 비지떡?
초저가 상품 제대로 고르는 팁

싼 게 비지떡이라지만 사람 마음이라는 게 어쩔 수 없다. 싼 데, 끌린다. 짠내투어족이라면 당연히 역공이다. 차라리 이런 상품을 째려보고, 노려야 한다. 그래서 공개한다. 초저가 상품 제대로 고르는 꿀팁 여섯 가지. 일정 좀 힘들면 어떤가. 싸다는데.

일정표를 확인하라

초저가와 일반 자유여행 상품의 일정표는 거의 비슷하다. 하지만 엄연한 차이가 있다. 일정표는 같아도 현지 지불 액티비티 종류가 다르다. 초저가여행 일정표를 자세히 뜯어보면 현지 추가비용이 발생하는 옵션관광이 많다. 이것만 체크해도 제대로 된 비용을 알아낼 수 있다. '가이드팁 불포함' 여부도 꼭 확인해야 한다. 홈쇼핑의 경우 대부분 '가이드팁 불포함'이다. 이 팁이 동남아 일정 3박 5일 코스의 경우 많게는 6~10만 원까지 추가된다. 나중에 황당해 하지 말고 미리 체크할 것.

숙소를 제대로 파악할 것

동남아 여행은 같은 급(성)의 호텔이라도 가격이 천차만별이다. 시설에 따라 다르고 '오션뷰' '마운틴뷰' '시티뷰' 등 조망에 따라 또 달라진다. 여행사 일정표를 보면 단순히 'O성급 이상의 호텔 사용'이라고 설명이 돼 있을 뿐이다. 요즘은 스마트폰으로 현지 호텔의 가격이 다 노출되는 만큼 실제 묵는 숙박비를 체크할 수도 있다. 해변이 보이지 않는 마운틴뷰나 시티뷰 숙소라면 여행사는 그만큼 이익을 챙겼다는 의미다. '급'이라는 단어도 조심해야 한다. '하얏트급'이라도 돼 있을 경우 절대 하얏트가 아니니 주의할 것.

일정 변경 요주의

일정 변경은 초저가상품의 가장 큰 아킬레스건이다. 초저가상품의 경우 쇼핑과 옵션투어를 위해 일정이 자주 바뀔 수밖에 없다. 그만큼 불편하다. 쇼핑이나 옵션투어는 현지 가이드나 현지 랜드여행사와 연계돼 수수료를 떼주는 식으로 운영된다. 싼 여행경비를 쇼핑과 옵션으로 보전하는 셈이다. 일정 변경으로 심각한 마음고생을 했다면 나중에 돌아온 뒤, 적절한 절차를 거쳐 보상받을 수도 있다. 변경된 일정, 꼼꼼히 체크해두실 것.

지름신에 주의할 것

초저가상품의 특징은 쇼핑 횟수가 많다는 거다. 최소 하루에 한 번씩은 쇼핑 일정이 들어간다. 앞서 언급한 것처럼 여행사는 쇼핑을 통해 부족한 수익분을 보전받는다. 당연히 현지 쇼핑센터는 감언이설로 여행족을 유혹한다. 50% 할인이다, 이곳에서만 살 수 있다 같은 수식어는 무조건 경계할 것.

가이드팁은 선불로 내자

매도 미리 맞는 게 낫다. 가이드팁도 선불로 내는 게 현명하다. 사실 여행 고수들 사이에는 초저가여행의 필수 공식으로 '가이드팁 선불'을 넣는다. 미리 금액을

정해 놓고 팁을 아예 줘 버리면 나중에 추가 팁을 줘야 할지, 고민할 필요도 없다.
가이드팁 선불, 잊지 마시라.

옵션투어 비용을 확인하라

가랑비에 옷 젖는다. 이 가랑비가 옵션투어 비용이다. 결국 초저가여행의 눈
속임은 옵션관광이다. 이 투어비용으로 싸게 책정한 여행 수익을 보전 받는다. 그

러니 곳곳에 옵션투어 프로그램이 들어가 있다. 여행 일정표엔 그냥 둘러보는 곳처럼 편한 코스로 나와 있으니 반드시 금액을 알아둘 것. 이 옵션비용만 합쳐도 여행 전체 경비를 훌쩍 뛰어넘는 경우가 비일비재하다. 알아야, 당하지 않는다.

✈ 외워라, 절대고수 여행 파워블로거의 사기 방지 팁

여행 안방마님 한국관광공사 소속 파워블로거 여행고수들이 있다. 엄선된 그들이 골라낸 '여행사기 당하지 않는 최고의 안전 팁'이다. 무조건 외우시라.

저비용 · 고효율 자물쇠를 챙겨라: 김치군

자유여행은 도난, 분실과의 전쟁이다. 여차하면 털린다. 내 짐을 지킬 수 있는 방법은 다양하다. 저비용, 고효율의 노하우는 자물쇠다. 메고 다니는 가방에 이런 자물쇠를 걸어 두기만 해도 도난의 표적에서 벗어날 수 있다. 간단하고 싸게, 핵가성비 사기방지 용품, 자물쇠라는 것, 기억하시라.

방심하면 털린다: 이니그마

소매치기의 입장에서 생각하라. 파워블로거 이니그마의 조언이다. 맞다. 입장 바꿔, 내가 훔친다고 생각하면 어디서, 어떤 때, 주의를 기울여야 할지 단번에 알 수 있다. 기차역에서 잠시 배낭을 내려놓을 때, 거리 공연을 볼 때, 음악 분수쇼에 넋을 놓고 있을 때가 핵심이다. 정말이지 순식간이다. 방심하면 통째 털린다는 것, 다시 한 번 기억하시라.

가짜 경찰을 조심할 것: 딴지여사

딴지여사가 강조한 팁, 가짜 경찰을 조심할 것. 특히 필리핀이나 유럽에 요즘 성행한다. 뉴스가 가장 자주 보도되는 게 필리핀 가짜 경찰. 아예 공항 면세 직원과 짜고 사기를 친다. 그러니깐 이런 식. 짐 체크인을 할 때 갑자기 벨이 울린다. 경찰이 모여든다. 별안간, 넣지도 않은 마약 봉지가 나온다. 이건 어쩔 수 없이 당할 수밖에 없다. 또 하나 빈번한 유형은 불심검문. 해외여행 중, 생각지도 못한 불

심검문을 요구받을 수 있다. 이때 경찰이 직무수행을 목적으로 신분증을 요구하는 것은 정당하다. 이때 여행자에게 이국땅에서 돈보다 중요한 게 신분증, 즉 여권이다. 무턱대고 여권을 보여주는 건 자살행위(?)다. 먼저 경찰에게 요구하시라. 당신이 경찰인지 신분증 좀 보자고. 외국인 여권을 노린 사기꾼, 의외로 많다. 유럽이 요주의 지대다.

차량 통행 방향도 주의할 것: 베쯔니

우리나라와 차량 통행 방향이 반대인 나라가 의외로 많다. 일본, 영국, 홍콩, 인도, 인도네시아, 말레이시아, 싱가포르, 태국, 호주 등 44개국이다. 대부분 섬나라다. 당연히 걸을 때, 렌터카 빌릴 때 요주의다. 한눈팔다 쾅. 사고 당하면 사고처리부터 보험처리까지 해결해야 할 일이 산더미가 된다. 세심한 주의, 그것만이 살길이다.

✈ 신혼여행 절대 사기당하지 않는 필살기

가장 타격이 큰 여행사기, 신혼여행이다. 1,000만원에 가까운 여행비야 날린다 쳐도, 그 달콤한 순간의 추억이 악몽이 될 지경이니. 자, 지금부터 신혼여행 사기, 단박에 잡아버리는 노하우 알려드린다. 절대 안전한 신혼여행을 위한 체크리스트 다섯 가지. 한국관광공사가 엄선한 '리스트'다. 필히 점검하시라.

영업보증보험 가입 여부 보고 또 볼 것

결국, 사기를 치는 주체는 여행사다. 보기에 번듯하니, 속을 수밖에 없다. 대부분 피해 사례가 취소다. 여행업체 부도나 일방적인 예약 변경으로 인한 것이다. 이럴 때 점검해야 하는 게 여행사가 '영업보증보험'에 가입했는지 여부다. 가입해 있다면 보증보험 금액과 내용도 꼼꼼히 살펴봐야 한다. 여행정보센터(www.tourinfo.or.kr)나 여행사 관할구청을 통해 자세한 내용을 체크하면 된다.

환불규정 · 국외여행 표준계약서 확인

신혼여행 떠나기 한 달 전이라고 하자. 별안간 항공편과 호텔이 여행사 임의로 변경된 사실을 알았다면 어떻게 해야 할까. 정답은 이렇다. 여행사 독단으로 인한 일방적 예약 사항 변경이라면 계약금 전부를 돌려받을 수 있다. 하지만 모든 게 딱딱 맞아떨어지는 건 아니다. 이때 필요한 게 여행사와 계약을 하면서 작성한 '국외여행 표준 계약서'다. 이게 분쟁 땐 증거자료가 된다. 확실히 챙겨두실 것.

면세한도 · 면세점 구매한도를 구별할 것

신혼여행 시 또 다른 즐거움, 쇼핑이다. 이때 헷갈리는 면세한도와 면세점 구매한도다. 면세점 구매한도는 국내 면세점에서 내국인 1인당 3,000달러까지 구매를 제한한 제도다. 무분별한 과소비 억제책이다. 면세한도는 다르다. 국내외 어느 면세점이든 구입처를 불문하고 귀국 때 1인당 400달러까지만 허용하는 것을 말한다. 당연히 면세에 대한 개념도 달라진다. 면세점 구매한도에서 말하는 면세는 부가가치세 등을 면제하는 것이고, 귀국 시 면세한도에서 말하는 면세는 관세 면제다. 면세점 구매한도 내에서 전액 면세된다고 판단하는 게 가장 잦은 오해다. 이 때문에 면세한도 초과분에 대해 자진신고하지 않는 사례가 많다. 한도초과분을 신고하지 않으면 30% 가산세를 포함한 관세를 부담해야 한다는 것, 잊지 마시라.

현지 치안정보 · 응급 연락처 기억할 것

신혼여행 기간이 길면 질병에 주의해야 한다. 자세한 국가별 질병정보는 해외여행 질병정보센터 홈페이지(travelinfo.cdc.go.kr)에서 얻을 수 있다. 여행을 가는 국가별 안전 상태는 해외여행안전 홈페이지(www.0404.go.kr) '여행경보단계'를 통해 확인하면 된다. 여행일정을 미리 알려두는 것도 중요하다. 외교부에서 제공하는 '해외여행등록제 동행'을 활용하면 된다. 해외안전여행 홈페이지에 접속해 신상 정보, 국내 비상 연락처, 현지 연락처, 여행 일성 등을 등록해 두면 끝. 위급 상황 발생 땐 자동으로 연결된다.

현금입금은 무조건 의심할 것

이 다섯 가지 외에 간과하기 쉬운 요주의 점검 항목. 일단 전문여행사 문구다. 수많은 신혼여행 업체가 전문임을 표방한다. 꿈의 신혼여행지 몰디브가 대표적이다. 실제 몰디브 여행을 전문적으로 관리하는 여행사는 극소수라고 보면 된다. 차라리 알려진 중견 여행사 상품이 낫다는 것, 명심하시라. '싼 게 비지떡'이라는 것도 기억해야 한다. 여행사는 부동산 중개업자나 마찬가지다. 수수료로 먹고산다. 그러니 가격을 후려친다는 것, 있을 수 없다. 싸다면 일단 의심해야 한다. 현금 할인이란 말에도 절대 넘어가면 안 된다. 신혼여행 사기업자들의 80% 이상이 현금 입금을 유도한다. '~급'이라는 글자도 조심해야 한다. 단 한 글자에 신혼여행 운명이 좌우될 수 있다. 호텔이나 리조트를 안내하는데 '~급'이라는 글자가 붙어 있다면 꼭 확인을 해야 한다. 두루뭉술하게 고객을 현혹하는 장치가 바로 이 급이라는 글자다. 현지에서 가격이나 등급이 낮은 곳으로 바뀌기도 한다. 반드시 미리 확인해 볼 것.

✈ 눈 감으면 코베가는 '요주의 사기' 대처 요령

"터키에서 처음 만난 사람이 술 마시자고 제안하면 99% 사기다. 혹하지 말고 무조건 피하라" 이미 터키 여행 고수들 사이에는 요주의 원칙 1계명으로 통한다. 급기야 주이스탄불 대한민국 총영사관이 대처 요령까지 내놨을 정도. 이름하여 '이스탄불 여행객 주의 – 술값 사기 및 유형 및 대처 요령'이다. 비단 터키뿐만이 아

니다. 동남아, 유럽까지 확산되는 요주의 사기 수법이다. 꼭 숙지하시라. 알아야 당하지 않는다.

접근 유형

보통 저녁 타임이다. 남성 단독 혹은 2~3명이 탁심이나 구시가 관광지를 산책하고 있으면, 누군가 유창한 영어로 말을 걸어온다. 소개 멘트는 상투적이다. 자신을 그리스 혹은 두바이 등 외국이나 지방에서 온 관광객이라고 말한다. 아예 '형제의 나라'를 강조하며 한국인에 대한 호감으로 접근하는 터키인도 있다. 심지어 간단한 한국어까지 구사한다. 이러니 당할 수밖에.

유혹 단계

접근 단계에서 성공 확신이 들면 사기꾼들은 서서히 마각을 드러낸다. 경계심을 누그러뜨린 후에는 차를 한 잔하자고 하거나 맥주를 간단하게 하자고 권한다. 당연히 자신이 사겠다고 강조한다. 그다음 과정은 뻔하다. 차를 한 잔하자고 한 후에는 찻집으로 가는데, 문이 닫혀있다. 아, 어쩔 수 없다며 향하는 곳 당연히 술집. 찻집 닫았으니 맥주나 한 잔하자고 유인하는 수법을 쓴다. 이쯤 되면 당하는 당사자, 망설일 수밖에. 2단계 유혹이 시작된다. 술값 때문이냐고 물으며 자신이 모두 계산하겠다고 말하는 등 정에 호소하는 것. 대개 아는 술집이 있다면서 택시를 타고 가거나 걸어서 근처 술집으로 데려간다. 위치를 알 수 없도록 골목길을 수차례 돈다면 뻔하다. 사기다.

사기 수법

일단 술집에 들어와서 술을 주문하면 완전히 낚인 거다. 술값? 수백 만 원이 예사다. 가격이 적힌 메뉴판을 보여주지 않는 경우도 있으며 싼 가격이 적힌 메뉴판을 보여주어 안심시키는 경우도 있으니 절대 믿지 마실 것. 술을 마시는 도중, 업소에서 일하는 아가씨들이 와서 앉은 후 맥주 한 잔 마시고 5분 정도 있다가 가기도 한다. 맥주 한 잔에 한화로 10만 원 이상, 와인이나 샴페인의 경우 한 병에 100만 원 이상은 기본. 아가씨 비용도 청구되는데 총액이 200~300만 원에 달한다.

돈 털기 마무리

속았다는 생각이 들 때 사기꾼들의 물타기(?)가 시작된다. 술집 데려온 꾼들이 자신들도 비싸다고 불평을 하면서 너무 큰 금액이므로 N분의 1씩 부담하자고 권한다. 현금 없다고 우겨도 소용없다. ATM기로 데려가서 현금을 인출하도록 하거나 카드로 결제하도록 유도한다. 비밀번호를 가르쳐주지 않아도 털린다. 비밀번호 없이 더 큰 금액을 인출한 경우도 있다. 그래도 안 낸다면? 강압 마무리다. 대부분 조폭과 연계돼 있다. 끝까지 지불을 거부하면 불량배를 데려와 공포 분위기를 조성한다. 권총을 슬쩍 보여주기도 한다.

총영사관측은 "현지인이 권하는 대로 호기심에서 접대부가 있는 술집을 찾아간 것이라면 술 몇 잔에 수백만 원 결제하는 것을 피할 수 없다"고 강조한다. 이스탄불을 포함한 터키는 이슬람권이므로 접대부가 있는 술집은 99.9% 외국 관광객 대상 사기 술집이라고 귀띔한다.

자, 털렸다면 해결책을 강구해야 한다. 술값 지불 후에 즉시 가까운 경찰관서에 피해신고를 할 수는 있지만 이도 여의치 않을 때가 있다. 현지 경찰을 대동하고 해당 술집을 찾아가면 그 사이에 문을 닫아버린다. 혹여 경찰관이 등장했더라도 비싼 메뉴판을 보여주며 정당한 금액임을 주장한다. 피해변제가 까다로울 수밖에 없다. 그렇다면 어떻게? 총영사관의 팁은 이렇다. 현지에서 만난 사람으로부터 술을 마시자는 말이 나오면 무조건 헤어지라는 것. 호감을 가질 정도로 이야기를 나누더라도 음료수를 같이 먹거나(약물을 타는 경우도 있음) 동행이 되어 관광을 하는 등으로 해서 맥주 제의를 물리치기 어려울 정도의 상황을 절대 만들지 말라는 조언이다.

주이스탄불총영사관　　　　　　　+90-212-368-8368
주이스탄불총영사관 당직전화　　+90-534-053-3849
영사콜센터　　　　　　　　　　+82-2-3210-0404

✈ 여행 먼저 가고 돈은 나중에?
후불제 여행 '스튜핏'

'여행 먼저 다녀오세요. 경비? 나중에 나눠 내세요.'

이런 제안 어떤가. 솔깃하지 않은가. 이런 제안에 마음이 흔들리면 위험하다. 이게 요즘 지방을 중심으로 심심찮게 등장하는 '후불제 여행'이다. 개념은 쉽다. 일단 먼저 여행을 다녀온 뒤, 비용을 나중에, 그것도 나눠서 여행사에 갚아주는 식이다. 어라, 듣고 보니 그럴싸하다. 이런 여행사의 회원도 급증세다. 재가입율도 50% 이상으로 늘었고, 취급하는 여행사도 꽤 많다. 하지만 늘 먹기 좋은 떡이 문제를 일으키는 법이다. 나중에 '슈퍼 울트라 스튜핏'이 될 수도 있다. 후불제 여행 200% 활용법이다.

목돈 부담을 덜 수 있어 인기

인기의 이유, 한 가지다. 목돈 부담을 덜 수 있어서다. 방식은 이렇다. 후불제 여행사에 일단 회원으로 가입해야 한다. 매월 일정액을 불입하면 6개월 이후부터는 여행을 떠날 수 있는 자격을 준다. 물론 여행을 가기 위해서는 최종 납부한 날까지 적립한 금액이 여행상품 가격의 50%를 넘어야 한다. 나머지 비용은 여행사가 무이자로 빌려준다. 여행을 다녀온 뒤에는 나머지 비용을 일정 기간에 걸쳐 분할 상환하면 된다. 문제는 이 지점이다. 초기에 일정 금액을 납입한 것, 이게 가만히 뜯어보면 '유사수신' 행위나 다름이 없다. 돌려막기 같은 다른 유형의 폰지형(다단계) 사기로 발전(?)하는 토대가 된다.

1회 적립금은 어떻게

1회 적립금은 여행사마다 다르다. 예를 들어, 한 여행사는 3만 9,000원, 4만 원, 5만 원, 6만 원, 10만 원, 12만 원 단위로 적립금 상품을 운영하고 있다. 다른 곳은 3만 8,000원, 5만 7,000원, 11만 4,000원짜리가 있다. 가격과 예상 출발 시기를 기준으로 총 가입기간과 1회 적립금을 선택하면 된다. 60만 원짜리 동남아 여행상품을 8개월 후에 이용한다고 하자. 두 회사 모두 가장 싼 적립금을 8개월간 납입한 후 떠날 수 있다. 6개월 납입 후 여행상품을 선택해 예약하고 2개월 후에 출발하는 방식이다. 전체적인 적립 구조는 문제가 없다고 봐도 된다.

양도 · 중도 해지도 가능

후불제 여행상품은 타인에게 양도와 양수가 가능한 게 매력이다. 당연히 중

도해지와 환급도 가능하다. 중도에 해지하면 공정거래위원회 할부거래법 표준약관에 따라 공제금을 뺀 나머지 금액을 돌려받을 수 있다. 적립 기간 전체의 절반을 넘어서면 약 70%를 되돌려 받을 수 있는 수준이다.

함정, 이것만은 조심할 것

왜, 이렇게 좋은 후불제 여행이 파격적으로 유행하지 않고 있는 이유는 뭘까. 당연히, 사기 때문이다. 이런 경우다. 여행비용을 적립하는 중에 여행사가 문을 닫으면 어떻게 될까? 푼돈을 모아 어렵게 준비하는 여행에 날벼락 같은 일이 아닐 수 없다. 이런 상황, 어디서 많이 본 듯하지 않은가. 맞다. 이게, 장례상품 사기와 같은 방식이다. 일정 금액을 납입하다, 장례업체가 문을 닫고 잠적하는 사건, 심심찮게 일어난다. 물론 보완 장치는 있다. 할부거래법에 따라 회원의 적립금 중 50%는 지정 은행에 예치해 관리한다. 하지만 악의적으로 이를 이용한다면, 결국 피해는 소비자에게 돌아갈 수밖에 없다.

여행사를 등 칠(?)수도 있다

반대의 경우도 있다. 여행사를 등쳐먹는 거다. 후불제 여행은 여행비용의 절반을 여행사가 사전에 부담하는 방식이다. 때문에 고객이 칼자루를 쥐고 있다. 예고 없이 일정이 변경되거나 여행지에서 만족스럽지 않은 서비스를 받을 경우에는 나머지 비용, 입금하지 않으면 된다. 당연히 후불제 여행사, 남은 돈을 적립받기 위해서라도, 회원이 여행에서 만족할 수 있는 양질의 숙소, 식사, 서비스를 찾을 수밖에 없다. 결국, 양날의 칼인 셈이다.

02
가 성 비
그 뤠 잇!
국내부터
돌아보자

당일치기
&
총알여행

INTRO

자, Part 1 이론편, 잘 넘어오셨다. Part 2는 실전편이다. 배우고 외워둔 이 짠내꿀팁 신공들, 제대로 펼치는 긴장된 순간이다. 짠내투어 실전편은 국내, 해외여행 두 파트로 나눠놓았다. 호텔 뺨치는 펜션, 기막힌 스테이 시설을 무료로 제공하는 놀라운 곳에서부터, 단돈 200원에 오가는 낭만 크루즈까지 대한민국 핵가성비 오행 코스를 총 망라한 게 국내편. 해외여행편은 한 술 더 뜬다. 비자 값만 5만 원이 넘는 중국을 비자 없이 찍는 꼼수부터 비행기값 들이지 않고 한 나라를 덤으로 더 여행하는 '원플러스 원' 경유 신공까지 초특급 꿀팁들을 무한 방출한다. 쉿, 우리끼리만 알자. 소문나면 진짜, 붐비니깐.

핵가성비
반나절 국내 여행지

"박물관에서 공짜 1박 2일"
"100년 묵은 등대에서 공짜 1박 2일"
"200원 크루즈 & 1,000원 열차"
"기차 일주일 무제한에 5만 원"

이 챕터에 나올 내용 일부다. 에이, 말도 안 된다고? 된다. 미안하지만 말 된다. 몰라서 못 갔을 뿐이다. 국내여행 실전편, 강렬하게 간다. 그동안 몰라서 못 갔던 짠내투어지. 이쯤 되면 이런 말 나올 법 하다. 싼 게 비지떡 아니냐고? 천만에다. 하나같이 명품 코스다. 가 보면 이런 말 그냥 나온다. 누구든 연방 '슈퍼 그뤠잇'이라고 외쳤을 거라고.

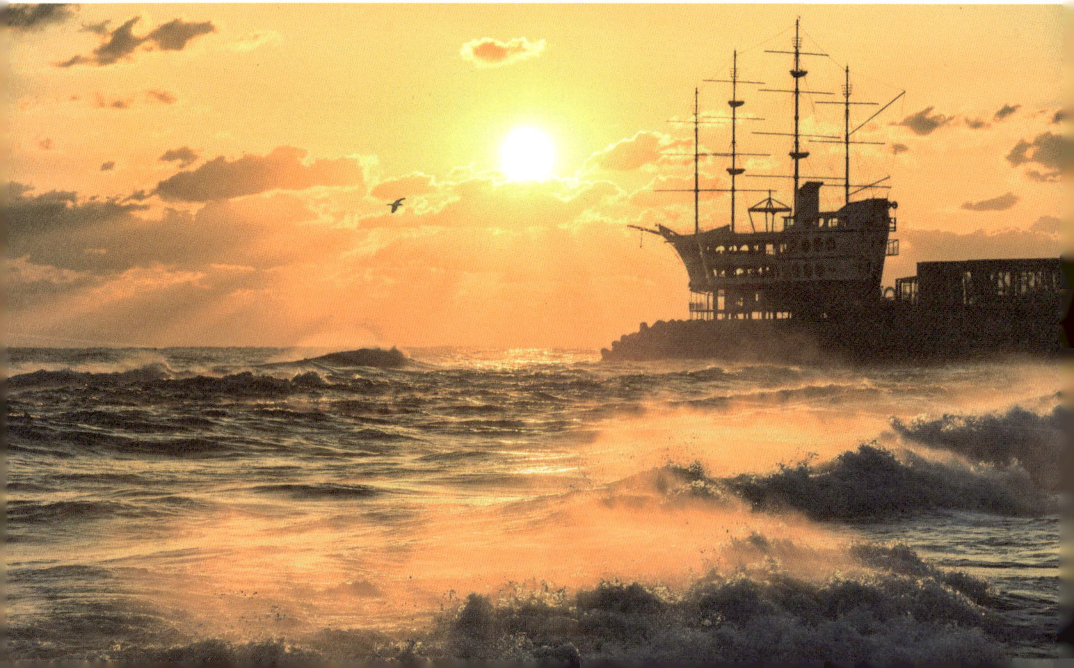

✈ 선착순 공짜!?
놀라운 공짜 스테이 명소

선착순. 군대를 경험하신 독자분들껜 가장 공포스러운 단어다. 그러니 지금 부터 정신 바짝 차리시길. 늦으면 못 가는 '선착순 스테이(stay)'니깐. 대신 선착순에 대한 보상은 화끈하다. 공짜니까. 짠돌이도 깜짝 놀랄 가성비갑 스테이, 선착순 공짜 스테이 명당으로 떠나보자.

남해바다를 한눈에, 거문도 등대 스테이

100년 묵은 산삼도 아니다. 100년 묵은 등대. 그 등대 옆 관사(등대지기 숙소)에서의 낭만 하룻밤이다. 게다가 선착순 공짜. 이 놀라운 등대, 바로 여수 앞 거문도다. 날씨 예보가 나올 때마다 '남해 동부 먼바다'라고 불리는 바로 그 곳. 여수에서 남쪽으로 114.7㎞, 제주에선 86㎞ 떨어진 곳. 배로 2시간 30분 거리다. 선착순에 공짜니 경쟁률이 상상을 초월한다. 성수기 때는 무려 100대 1.
웬만한 자연휴양림 여름 성수기 경쟁률을 방불케 한다. 등대가 있는 곳은 거문도 남쪽 수월봉(196m)이다. 갯바위 지대를 지나 1㎞ 동백숲 길을 따라가면 등대다. 사실 거문도 등대는 억울하다. 첫 불을 밝힌 시점은 1905년. 1903년에 불을 밝힌 인천 팔미도 등대에 아쉽게 밀려 '대한민국 최초'라는 수식어를 놓친 거다. 그래도 괜찮다. '남해안 최초'라는 수식어는 달고 있으니. 2006년부터는 새 등대가 바닷길을 비추고 있다. 등대 끝 지점이 그 유명한 관백정(觀白亭)이다. 거문도의 또 다른 명물 '백도(白島)'를 가장 가까이서 볼 수 있는 포인트. 남해 바다를 한눈에 품을 수 있는 등대 전망대 정상까지는 33m. 그러니 힘들어도 올라봐야 한다.

등대 스테이 장소는 지척이다. 바로 등대지기들이 쓰는 관사. 말이 관사지 깔끔한 펜션 분위기다. 이곳에 최대 8명의 인원이 하룻밤을 묵으며 등대지기의 추억을 만든다. '선착순 등대 스테이'가 시작된 건 2006년 7월부터. 행운의 주인공은 매일 딱 한 팀씩이다. 평일에도 최소 20~30팀이 추첨을 기다린다. 성수기에는 100대 1의 살벌한 경쟁률을 뚫어야 한다. 거문도 등대에서 하룻밤 묵으며 별보기, 정말이지 하늘에서 별 따기다.

거문도 등대 즐기는  tip

이용 신청은 희망일 2주 전 여수지방해양항만청에서 하면 된다. 트레킹도 좋다. 삼호교를 건너 '유림해수욕장–목넘어–거문도등대' 코스는 차가 다닐 만큼 큰 길이어서 산책하듯 다녀올 수 있다. 제대로 된 섬 산행을 하고 싶다면 덕촌마을에서 '불탄봉(195m)–보로봉(170m)'으로 이어지는 코스를 강추.

거문도

색다른 오토캠핑, 나주 뮤지엄 스테이

선착순 스테이로 봄철을 뜨겁게 달구는 또 하나의 명물, 전라남도 나주 국립
나주박물관이다. 박물관 뒷동산을 통째 오토캠핑장으로 빌려주는 발칙한 곳이다.
UFO를 닮은 둥근 원형의 박물관을 봐도 탄성이 절로 나오는데 뒷마당으로 돌아
가면 한 번 더 깜짝 놀란다. 한눈에 박히는 트레일러형 캠핑카. 늘씬하게 빠진 명품
캠핑카 5대가 대기 중이다. 일반 텐트를 칠 수 있는 나무데크 사이트 5곳도 있다.
캠핑카치곤 시설물도 합격점. 성인 2명이 충분히 누울 수 있는 넉넉한 침대에 가스
레인지, 샤워시설, 냉장고까지 없는 게 없다. 삼한(마한 · 진한 · 변한)시대 마한의
유적지인 이곳 터의 분위기를 살린 캠핑카 네이밍도 맛깔스럽다. 마한의 소국연맹
국가인 고랍국과 막로국, 불미국, 일리국, 신운신국 명칭이 캠핑카 문패에 떡하니

나주박물관

걸려 있다. 2000여 년 전 영산강 유역 고대 마한 시절 맹위를 떨쳤던 나라의 이름들이다.

뮤지엄 스테이엔 따로 프로그램도 있다. 삼국시대 유적지 반남 고분군(사적 513호)과 복암리 고분군(사적 404호)이 지척(8㎞)이니 역사 교육엔 안성맞춤. 코스는 일반적으로 두 가지다. 1박 2일 달빛 역사 기행과 뮤지엄 스테이 코스다. 선탠이 아니라 달밤, '문탠'을 하며 즐기는 달밤 역사 나들이 코스인 셈. 현지 해설사분들과 자미산성(紫薇山城) 등 주변 유적지까지 둘러본다. 더 매력적인 건 달밤을 밝히는 등. 그 옛날식 조족등(照足燈)이다. 뮤지엄 스테이 코스는 영화 〈박물관이 살아 있다〉의 현실판 정도로 보면 된다. 일종의 자유투어 같은 개념. 정해진 스케줄 없이 그냥, 원하는 대로, 자유롭게 박물관에서 하루를 보내는 심장 쫄깃한 프로그램이다.

나주 박물관 오토캠핑 즐기는 tip

스테이가 가능한 기간은 보통 3월에서 11월 사이다(상황에 따라 달라짐). 뮤지엄 스테이는 선착순 예약 무료다. 달빛 역사 기행은 따로 2~3만 원 정도의 프로그램 진행비용을 부담해야 한다.

홈페이지 naju.museum.go.kr

선착순 공짜 도서관 스테이

이번엔 선착순 공짜 도서관 스테이다. 장소는 경기도 오산 꿈두레도서관. 캠핑과 독서를 결합한 이른바 '독서캠핑'의 메카다. 뒷마당은 원통형 캠핑카 4동. 여기에 도서관 바닥에 텐트 30개 동을 깔고 자는 '도서관 스테이' 프로그램을 운영한다. 금요일은 아빠와 1박 2일, 토요일은 엄마와 1박 2일, 일요일은 친구와 1박 2일 프로그램이 상시 운영되고 있다. 모든 이용료는 무료. 단 퇴소 시 자녀와 함께 작성한 독서 소감문이나 독서캠핑 소감문을 제출해야 한다.

오토캠핑장

독서캠핑장

독서캠핑 즐기는 tip

독서캠핑은 이전 달에 다음 달 예약 신청을 받는다. 운영 기간은 3~11월이며, 월 2회 신청을 받는다. 예약은 꿈두레도서관 홈페이지에서.

홈페이지 www.osanlibrary.go.kr/kkumdure/main.do

공짜 스테이만큼 혹하는 짠내 스테이 명소

7만 원대 한옥스테이

한옥이다. 심지어 7만 원대다. 강원도 홍천 서면 한치골길 한옥 '고향의 봄'은 겨울 힐링 명당으로 손꼽히는 곳. 언뜻 1층으로 보이지만 2개 층으로 지은 한옥이다. 2층은 나무로 된 객실이, 1층에는 황토방이 있다. 2층에는 방 3개, 화장실 3개, 거실 2개, 주방 2개가 있다. 2층 전체를 독채로 사용하거나 공간을 2개로 구분해 별도 사용할 수도 있다. 남춘천 톨게이트에서 차로 15분 거리다.
홈페이지 www01053290333.modoo.at

8만 원대 기차펜션

정선 구절리역. 능청스러운 기차 하나가 있다. 철로 위에 떡하니 자리를 차지하고 있는 이 물건. 자세히 뜯어보면 무늬만 기차일 뿐 속은 펜션이다. 기관차 1량과 객차 4량에 총 10실(침대방·온돌방)의 방을 갖춘 폼 나는 기차펜션. 정선을 감싼 노추산의 뼈대와 그 아래 송천의 흐름을 한눈에 담을 수 있는 조망은 감탄사가 절로 나오는 절경이다. 비수기 가격은 8~10만 원씩이다.
홈페이지 www.korailtravel.com

크루즈와 열차. 짠내투어족 버킷리스트 초저가 여행지 & 액티비티 코스다. 그러니깐 상상초월 초저가. 200원짜리 크루즈(사실 크루즈는 아니다. 과장이다. 실제는 배다. 그것도 허접한 배다. 하지만 운치, 그것만 따진다면 누구에겐 크루즈 이상이 될 수 있다)에 1,000원짜리 테마 열차도 등장한다. 요즘 같은 고물가 시대에 말도 안 된다. 하지만 있다. 당장 달려가시라.

200원짜리 갯배, 속초 아바이마을

100원짜리 딱 두 개. 맞다. 200원짜리(편도)다. 게다가 배다. 물론 크루즈는 아니다. 가로 15m, 세로 20m쯤 되는 사이즈다. 이게 난리다. 이름하여 갯배. 특히 대게 축제까지 겹치는 봄철엔 핫플레이스로 뜨는 속초 아바이마을 명물이다. 아바이마을하면 순대부터 떠오르신다고? 오, 그런 독자분들은 여행고수다. 행정상 속초시 청호동. 함경도 출신 이주민의 집단촌락이다. 그러니까 정식 행정상 명칭은 청호동이고, 아바이마을은 애칭이다. 이 마을에는 대한민국의 뼈아픈 분단 역사가 스며 있다. 한국전쟁 1·4후퇴 당시 북에서 남하했던 함경도 일대 피란민들이 전쟁이 끝난 뒤 돌아갈 길이 없게 되자 눌러앉은 곳이어서다. 아바이라는 명칭도 함경도 사투리에서 따온 셈이다.

이 아바이마을로 갈 때 타는 게 갯배다. 타는 곳은 만석닭강정과 아바이순대 '쌍포 먹거리'로 유명세를 타고 있는 속초 중앙시장 앞. 거의 1시간 간격으로 움직인다.

사실, 마을로 갈 땐 다리가 있다. 하지만 소요 시간이 15분 정도. 한참을 돌아간다. 갯배를 타면 지척이다. 느릿느릿 가는데 딱 5분여. 배가 움직이는 원리도 재밌다. 갯배는 사각형 모양 거룻배다. 한쪽에서 다른 한쪽까지 연결된 쇠줄에 고리를 걸고 잡아당겨 건넌다. 슬금슬금 고리를 당기면 전진이다. 선장 같은 노인장이 쉬엄쉬엄 당기는데 이걸 직접 해볼 수 있는 게 매력이다. 아이, 어른, 배를 탄 분들도 순서를 바꿔가며 재미 삼아 당긴다. 아예 선착장 입구에는 '갯배 쇠줄 당기는 법' 안내판까지 놓여 있다.

마을에 닿으면 꼭 해봐야 할 것이 두 가지다. 일단 그 유명한 순댓국과 아바이순대, 여기에 계란을 살짝 버무려 구운 쫄깃쫄깃한 오징어순대를 맛봐야 한다. 두 번째는 소화시키기. 개인적으론 이 코스가 마음에 든다. 마을을 한 바퀴 휘휘 둘러보며 마

아바이마을

을 곳곳에 그려진 벽화를 찾아보는 재미가 쏠쏠하다.

갯배 200원은 편도 가격. 올 때도 내야 한다. 한적한 해안의 모래톱와 방파제에서 바라보는 드넓은 동해, 청초호 등 다양한 볼거리도 매력. 인근엔 설악산, 영금정, 동명항, 영랑호 등 명소가 있다. 자세한 사항은 아바이 마을 홈페이지. 문의는 속초시청에다 하시라.

홈페이지 www.abai.co.kr **전화** (033)639–2471, 2473

속초 등대

1,000원짜리 열차 경원선, 연천 봄 나들이

200원짜리 갯배에 놀라긴 이르다. 이번엔 1,000원짜리 열차다. 심지어 코스, 기가 막힌다. 동두천역을 지나 백마고 지역까지 가는 경원선(京元線)이다. 모름지기 봄나들이엔 열차만 한 게 없다. 게다가 DMZ 근처까지 단박에 가는 1,000원짜리 느림보 열차라니.

역사도 한적하니, 힐링하는 나홀로족도 즐겨 찾는다. 역마다 내리고 타는 사람이라 해봐야 한두 명. 한탄강역은 복닥복닥 신경 쓰이는 역사(驛舍)조차 없다.

봄 코스라면 신탄리역에 내려야 한다. 백마고 지역으로 한 역 더 연장하기 전인 2012년까지 경원선의 마지막 역. '철마는 달리고 싶다'고 쓴 철도 중단점 표지가 여전히 남아 있다. 매일(화요일 운휴) 낮 12시 30분 연천 시티투어버스가 역 앞에서 출발한다.

동두천역 출발 시간을 잘 잡으면 연계해 환상적인 당일치기 여행 코스를 만들어낼

연천역

수 있다. 시티투어 코스도 명품이다. 재인폭포, 한탄강댐, 전곡선사박물관, 군남홍수조절지(댐), 태풍전망대를 거쳐 연천역에서 끝나는 딱 반나절(4시간) 코스. 각 장소에 내려 10~20분씩 구경한다. 문화관광 해설사가 함께 타니 그저 귀만 열어두면 된다.

이 코스에 숨은 액티비티가 하나 더 있다. 연천투어 하이라이트로 꼽히는 재인폭포다. 봄 나들이니 겨우내 절경을 볼 수 없다는 게 아쉽다. 폭포가 떨어져 만든 원뿔 모양 얼음 탑은 없어도, 뭍에서 용암이 흘러 만든 육각형의 주상절리 암석은 그 위용이 여전하다. 이 폭포를 흥미롭게 볼 수 있는 게 스카이워크다. 바닥에 투명 강화 유리를 설치해 폭포 아래를 내려다볼 수 있게 만든 구조물. 강원도 정선 병방치급은 아니지만 오, 꽤나 아찔하다.

인스타그램 인증 사진 포인트는 연천역이다. 경원선의 중간 지점. 물을 끓인 힘으로 달렸던 증기기관차는 연천역에서 물을 보충하고 다시 달려야 했다. 높이 23m 원통형 급수탑이 지금도 우뚝 서 있다. 거대한 아령을 땅에 박아 놓은 듯한 모양. 옆에는 사각형 건물 급수탑도 보인다. 외벽에는 한국전쟁 때 생긴 총탄 자국이 선명하다. 1,000원짜리 경전선 여행의 추억도, 총탄처럼 박힌다.

경원선 즐기는 

동두천역에서 오전 5시 45분부터 오후 10시 15분까지 1~2시간 간격으로 11회 출발한다. 운임은 1,000원. 홈페이지에서 시간표 확인. 연천 시티투어버스 예약은 DMZ 관광. 1만 4,000원이고 화요일은 쉰다. 낮 12시 30분 1회 출발. 시티투어버스를 타려면 동두천역에서 늦어도 11시 30분 열차를 타야 한다.
홈페이지 www.letskorail.com **전화** 02-706-4851

8,000원짜리 짜릿함 끝판왕, 통영 루지

한 번도 안 타본 사람은 있어도, 한 번 타본 사람은 없다는 8,000원짜리 짜릿함 끝판왕 통영 루지. 한마디로 난리다. 개장 이후 일평균 5,000명이 방문한다. 주말 2시간 대기, 평일 30분 기다림. 미륵산 일대, 겨울철 루지를 4계절 전용 트랙으로 옮긴 것도 대단한데 세계에서 유일한 360도 회전 코스가 일

▲ 통영 루지 ▼북촌 인력거

품이다. 트랙 길이도 1.5㎞로 아시아 최장이다. 통영 관광 명물 한려수도 조망 케이블카와 함께 타면 시너지 효과. 통영시 홍보 문구처럼 '하늘엔 케이블카, 땅엔 루지'다.

2만 5,000원짜리 타임머신, 북촌 인력거는 처음이지?

2만 5,000원짜리 타임머신이 있다. 외국인 관광객들 사이에 최고로 핫한 서울 북촌의 명물 인력거. 심지어 한국인들도 타보려고 난리다. 인력거라고 우습게보다가는 큰코다친다. 첨단 기어까지 달린 현대식 자전거가 길을 안내하니까. 게다가 여행책 어디에서도 볼 수 없는 인력거꾼의 입담 섞인 여행지 소개엔 웃음이 연방 터진다. 인력거는 3인승. 60분 투어에 1인당 3만 원이다. 좁은 3인승이라 어른 2명에 4세 미만 유아 한 명까지 탈 수 있다. 북촌

로 구석구석과 헌법재판소의 명물 백송까지, 절대 여행책에 나오지 않는 핫스폿을 두루 찍는다. 전화 예약도 가능하다.

홈페이지 arteeridersclub.com **전화** 1666-1693

서울 종로 2가 시네코아 극장 7층 건물을 통째 빌려 등장한 프리징아일랜드. 365일 얼음나라를 표방하는 이 얼음 테마파크엔 명물이 있다. 4층과 5층 공간을 내리막으로 잇는 국내 최장 실내 얼음 슬라이드. 4층과 5층을 뚫어 내리막 코스로 만들었으니 스피드, 장난이 아니다. 얼음 슬라이드 레일만 6개. 가장 긴 게 20m에 육박한다. 출발 때 안전요원이 슬쩍 밀어주는 서비스(?)까지 해주니 체감 평균 속도는 50~60㎞에 달한다. 프리징아일랜드 입장료는 1만 5,000원. 들어가면 마음껏 탈 수 있다.

단돈 5만 원에 수억 원의 희망 얻어 가는 힐링 하룻밤! 템플스테이

주지스님 그뤠잇, 공양 그뤠잇, 템플스테이 그뤠잇! 말도 안 된다. 하루에 10만 원도 안하는 꽉 찬 1박 2일 여행 코스. 게다가 힐링의 대명사, 템플스테이다. 그렇게 얻어 가는 힐링의 값어치는? 원하는 대로, 그러니깐 '여행족 마음의 크기'다. 누군가는 수백만 원어치 희망을 얻어 가기도 하고 누군가는 수천, 수억 원의 에너지를 건져간다. 그러니 볼 것 없다. 달려가시라.

영암 월출산 도갑사

참 기가 찬다. 이런 곳이 있다니. 10만 원도 안하는 템플스테이, 첫 번째 명

당 기찬 코스다. 포인트는 소백산맥 끝자락 영암 월출산(809m). 기가 가장 세다고 알려진 기막힌 곳이다. 이중환(조선 지리학자)의 명저 《택리지》 소개 문구만 봐도 기가 찬다. '화승조천(火乘朝天)', 아침 하늘에 불꽃처럼 기를 내뿜는 기상의 명당이란다. 월출은 악산이다. 바윗덩어리 산이다. 사실 영암이라는 지명도 악산을 칭하는 의미다.

템플스테이 전에 초여름 최고의 트레킹코스를 먼저 걸어야 한다. 월출산 자락에 기찬 나들이 코스로 명성이 자자한 '기찬묏길'. 누구나 편히 걸을 수 있는 둘레길이라 평소에도 트레킹족으로 붐빈다. 구간은 총 다섯 개, 무려 40㎞ 남짓이다. 다 걷자니 기가 찬다. 그래서 찍어드린다.

기찬묏길 중에서도 기, 제대로 받을 수 있는 기찬 코스, 1구간이다. 탑동소공원에서 기찬랜드까지의 6.7㎞ 루트. 당연히 마지막 방점, 기찬랜드 온천으로 찍어주신다. 여기도 기가 찬다. 이 주변 암석들이, 몸에 좋은 기운이 절로 뿜어져 나온다는

맥반석. 월출산 계곡의 스파와 함께 기체험센터까지 따로 마련돼 있으니 제대로 힐링할 수 있다.

몸의 기를 채운 뒤는 볼 것 없다. 정신의 기를 빵빵하게 넣을 차례. 도갑사로 뛰어가시면 된다. 이곳 템플스테이, 이름 한번 기막힌다. 전국에서 가장 기가 센 월출산의 대표 사찰답게 프로그램 테마가 '기(氣)차게 놀자'다. 기 제대로 받는 월출산 원족(산행)과 함께 행복 충전놀이로 구성된다. 영화 〈달마야 놀자〉에서처럼 스님들과 한판 놀기 게임을 벌이는 '노는 게 제일 좋아' 프로그램도 기가 막힌다. 잊을 뻔했다. 정신, 몸 다음 채워야 할 원기. 두말할 필요 없이 갈낙탕이다. 원기를 보충해주는 영남의 별미다. 탱글탱글한 낙지가 명불허전인 독천 낙지마을이 맛 기행 포인트. 맛은 어떠냐고? 기가 찬다.

도갑사 템플스테이 즐기는  **tip**
여행 문의는 영암군청문화관광과, 도갑사 템플스테이는 홈페이지 참고.
홈페이지 www.dogapsa.com

경주 골굴사

아, 경주다. 모름지기 경주라면 봄에 가야한다. 봄의 전령 벚꽃. 경주로 가야하는 건 경주 벚꽃엔 놀라운 비밀이 숨겨져 있어서다. 경주 벚꽃은 한 번 피고 지는 게 아니다. 두 번 핀다. 두 번째가 겹벚꽃이다. 골든타임은 딱 5월이다. 첫 번째 벚꽃 4월 중순에 지고 나면 그 바통을 겹벚꽃이 이어받으니 말이다.

꽃구경으로 '눈 힐링'이 먼저. 그리고 5만 원 힐링으로 방점을 찍는다. 경주 템플스테이 중엔 놀라운 곳이 있다. 중국 소림사 뺨치는 곳, 골굴사. 골굴사가 뜬 건 순전

템플 스테이 장면

히 무예 덕이다. 그러니까 신라시대 전통 무예 선무도. 선무도는 신라시대 화랑들이 심신을 닦는 데 활용했던 전통 무예. 골굴사는 선무도의 총본산이다.

사찰의 역사도 인상적이다. 6세기 무렵 신라시대 서역에서 온 광유성인 일행이 함월산에 정착하면서 12개 석굴로 가람을 조성해 만든 것이다.

석회암 절벽을 깎아 만든 대한민국 유일의 석굴사원인 것. 석회암 절벽에는 석굴로 여겨지는 구멍이 곳곳에 뚫려 있다. 그 맨 꼭대기에 놓인 게 마애여래좌상 조각. 높이 4m, 폭 2.2m. 보기에도 듬직한 이 불상이 보물 제581호다.

이곳에선 108배보다 더 인기 있는 프로그램이 선무도 체험이다. 선무도는 유에서 강으로 흐른다. 마치 전통 무예 택견의 몸놀림 같다. 원래는 부처님의 가르침인 '아나파나사티'라는 호흡법을 중심으로 한 참선 수행법이었다고 알려진다. 여기에 선기공과 선무술이 가미된 것이다. 굼실, 능청거리다 순식간에 '팍' 찌른다. 이런 게 한국적인 맛이다.

선무도를 제외한 프로그램은 일반 템플스테이와 유사하다. 산책(원족)도 가고 공양도 하고, 그 108배도 한다. 주지스님과 조용히 마음을 나누는 차담 시간도 있다. 하지만 골굴사의 핵심은 선무도다. 여름방학 때는 선무도 화랑 템플스테이 기간을 정해 놓고 따로 수련생을 받는데, 줄을 서야 할 정도다. 인근 함월산의 달빛 명상과 함께 명상, 솔잎 따기, 국궁, 요가까지 지루할 틈도 없다. 단돈 1만 원. 거기에 힐링도 하고 건강도 찾는다는데, 역시나 볼 것 없다. 달려가시라.

골굴사 템플스테이 즐기는 tip

내비게이션 주소는 경북 경주시 양북면 안동리 산 304. 선무도만 따로 체험하는 코스도 있다.
홈페이지 www.golgulsa.com

5만 원도 싼데, 이걸 딱 1만 원에 즐기는 비법도 있다. 연간 2번 있는 봄과 가을 여행주간(문화체육관광부가 봄과 가을에 15일 정도 여행주간을 정한다)에 가게 되면 1만 원으로 파격 할인이 된다. '봄·가을 여행주간 행복만원(幸福滿願) 템플스테이(전국 80여 곳 사찰 참여, 참가비 1만 원)'는 불교문화사업단에서 여행주간 전에 온라인 신청을 하면 된다. 체험은 여행주간 기간 내. 외국인 당일형 템플스테이 코스(참가비 5,000원)도 있다.

홈페이지 www.templestay.com

꼭 한 번 해봐야 할 템플스테이 리스트

단식의 메카 양주 육지장사 |

한마디로 감동이다. 힐링도 모자라, 살까지 싹 빼준다. '다이어트 템플스테이'의 메카로 뜬 곳은 경기도 양주의 육지장사. 프로그램은 크게 세 가지. 휴식형, 체험형, 단식형이다. 최고 인기는 단연 단식형. 한 시간 쑥뜸 받고 나면, 세상이 다시 보인다. 이곳, 약수인 육각수도 꼭 맛보실 것. 이곳 생수인 육각수도 명불허전이다. 몸속 찌든 때, 씻어내시라.

바둑의 메카 서산 서광사 | 바둑 두는 템플스테이다. 심지어 템플스테이 프로그램 이름도 '각수삼매'. 깨달음의 한 수를 찾아 떠나는 여행이라는 뜻이다. 바둑명상 프로그램은 매월 2주 4주째 10명 이상 멤버로 진행한다. 보통 2박 3일 코스. 탁본, 공양, 원족 같은 템플스테이 기본 프로그램 사이사이에 각수삼매 예선리그, 각수삼매 결선리그 같은 간이 바둑대회가 포함된다.

맛집의 메카 북한산 진관사 | 힐링 전도사 연예인 김제동 씨의 애찰. 이곳 백미가 '진관사 밥'이다. 진관사 요리엔 '오신채(五辛菜, 매운맛을 내는 파, 달래, 마늘, 부추, 무릇 다섯 가지 채소)'가 없다. 깔끔 담백, 그 자체.

✈ 단돈 1만 원에 찍는
'도플갱어' 여행지

삶의 무게, 버겁다. 해외여행? 배부른 소리다. 하지만 포기할 순 없다. 그래서 간다. 데칼코마니처럼 절묘하게 닮은 쌍둥이 여행지. 게다가 가깝다. 짧으면 반나절, 길어야 1박 2일인 총알여행 코스다. 수백만 원을 들여서 해외 안 가도 된다. 가까운 곳은 단돈 만 원(차비)에 찍을 수 있는 도플갱어 여행지가 있다. 한국에 숨어 있는 '미니 해외' 정도가 되겠다. 인생, 바쁜데, 뭐, 어떤가. 까짓것 해외 기분만 내면 되지.

한국판 네덜란드, 신안군 임자도

첫 번째 포인트부터 놀랍다. 한국판 네덜란드. 풍차 가져다 놓고 튤립 몇 송이 심어 놓은 애교판도 아니다. 아예 통째 네덜란드를 쏙 빼닮은 도플갱어가 '임자도'다. 일단 임자도부터 소개하고 가자. 임자도가 속한 곳은 신안군이다. 신안군은 그야말로 섬의 메카. 이 인근에만 무려 1,004개의 섬이 포진해 있다. 하나같이 흔한 섬들도 아니다. 행정자치부가 2017년 휴가철 찾아가고 싶은 섬 33개를 선정했는데, 5곳을 싹쓸이한 곳이 신안. 게다가 이 임자도는 가족 단위 여행족이 이색 체험을 즐기기에 탁월한 '놀섬(놀기 좋은 섬)'으로 선정된 파워풀한 곳이다. 임자도가 네덜란드 도플갱어로 불리는 건 놀랍게도 지질학적 특징 때문이다. 그러니깐, 네덜란드처럼 섬의 절반 정도 땅덩어리가 바다보다 낮다.

임자도의 으뜸 명물이 대광해변이다. 한마디로 기네스 해변. 백사장 길이만 무려

임자도

12㎞, 국내 최대인 '명사 30리' 국대(국가대표) 길이를 자랑한다. 너비 역시 매머드급인 300m. 백사장 질은 한 술 더 뜬다. 항공기용 유리를 만드는 데 쓰일 만큼 질 좋고 부드러운 규사 모래밭이다. 30리 해변에서 즐기는 레저도 네덜란드 해변식 승마 체험이다. 상상해보시라. 끝 간 데 없이 뻗은 해안선을 따라 말을 타고 달린다. 가을바람이 귓전을 때린다. 눈을 감으면 순식간에 네덜란드로 공간이동이다.

승마뿐만 아니다. 뻘밭(갯벌) 카약, 전통 고기잡이인 개매기, 천연 갯벌 미끄럼틀까지 다양한 체험 프로그램도 있다. 짐 싸는 것조차 귀찮은 귀차니스트들. 그 먼 이역 만리 네덜란드까지 가서 '뻘짓', 다 필요 없다. 단언컨대 짧고 굵게 국내에서 즐기는 임자도 뻘짓이 훨씬 낫다.

임자도 100배 즐기는 

신안군 지도읍 점암 선착장에서 철부여객선으로 20분 거리다. 임자도 진리선착장에 도착하자마자 1㎞가 넘는 넓은 뻘 갯고 랑이 이색 카약체험의 메카. 천연 갯벌 미끄럼틀에서도 '뻘짓'이 한창이다. 용이 승천했다는 전설의 '용난굴'과 아늑한 '어머 리해변'도 볼거리.

노르웨이 숲에 온 듯, 평창 청옥산

거참, 닮았다. 얼핏 스쳐보면 영락없이 노르웨이 자작나무숲이다. 누구나 탄성을 내지르는 곳. 한국판 노르웨이가 은밀하게 둥지를 틀고 있는 곳이 남평창 미탄면 청옥산(1,256m)의 자작나무숲이다.

일단 자작나무숲보다 먼저 볼 게 배추밭. 여름 내내 수은주가 20도 언저리에 머무

자작나무숲

평창 동계올림픽 마스코트

는 선선한 곳, 바로 '육백마지기' 배추밭이다. 이름 육백마지기는 응당 한글로 써야 한다. 아라비아 숫자로 '600'이라 쓰면 맛이 안 난다. 놀랍게도 남평창 미탄면 총옥산 꼭대기에 쫙 펼쳐져 모습을 드러내는 배추밭. '아, 꼭대기라니'하며 좌절할 귀차니스트 여행족들, 실망할 필요 전혀 없다. 자동차로 편히 간다. 구름 낀 날엔 그야말로 천상에서 너른 배추밭의 푸른빛을 훔쳐보는 느낌을 낼 수 있는 곳. 1960년대 이곳을 개간해 배추를 가꿨다는데, 평지에서도 보기 힘들 만큼 너른 밭이라 육백마지기(씨앗 600말 농사를 짓는 크기)라 불린다. 구름 가득한 운해 위로 삐죽삐죽 솟아난 삿갓봉, 남병산, 백파령 등 백두대간 고산준령을 한눈에 품을 수 있으니, 말 다했다.

육백마지기 다음 코스가 자작나무숲 탐방이다. 청옥산 바로 아래다. 새하얀 수피로 고귀한 이미지를 자랑하는 자작나무가 초록 이파리를 두른 모습, 영락없이 북유럽 숲으로 공간이동을 한 기분이다. 특히나 가을 초입엔 서늘하고 맑은 공기를 가슴 가득 듬뿍 담아올 수 있다. 잊을 뻔했다. 초가을 무조건 찍어야 하는 SNS 인증샷 명소로 불리는 곳, 평창군 대화면 땀띠공원 해바라기밭. 정규 축구장과 맞먹는 약 6,600㎡에 가득한 노란색 해바라기를 카메라와 폰에 담으려 이맘땐 주말마다 북새통이다. 아, 그러고 보니 이곳이야말로 알프스 도플갱어다.

평창 청옥산 100배 즐기는 tip

전통 5일장 평창 올림픽시장은 먹방투어의 1번지. 구수한 강원도 사투리가 울려퍼지는 가운데 식도락을 즐길 수 있다. 묽은 메밀물을 부어 얇게 부쳐 놓고 가운데 김치를 숭숭 썰어넣고 말아낸 메밀 전병, 메밀부꾸미 등을 꼭 맛보실 것.

프랑스 메독의 도플갱어, 무주

프랑스 와인의 심장으로 불리는 메독(Medoc). 신의 물방울 샤토 마고의 아성에 도전하는 '아펠라시옹(와인 생산지)' 무주엔 샤토 무주, 붉은 진주, 구천동머루와인 3인방이 버틴다. 포인트가 덕유산 무주 머루와인동굴. 100m 이상 동굴 끝에서 만나는 와인족욕존에서 꼭 발을 담가보실 것. 잊을 뻔했다. 이곳, 반딧불축제가 대략 8월 말부터 9월 초까지 이어진다. 명천마을 송어잡기와 남대천 물총축제가 덩달아 열리니 놓치지 마실 것.

산토리니를 통째로? 아산 지중해마을

외암마을로 유명한 충청남도 아산. 산토리니를 통째 옮겨놓은 '지중해 도플

지중해마을

갱어' 마을이 있다. 이름하여 '블루크리스탈빌리지'. 그리스 아테네 아크로폴리스 건축물을 그대로 옮겨놓은 듯한 건물에 파르테논 신전까지. 내려다보면 프로방스 풍 붉은 지붕의 성곽 양식과 파란 원형 지붕과 하얀 벽으로 정평이 난 산토리니가 연상된다. 게스트하우스에서 묵을 수 있으니 1박 2일 코스로도 강추.

연예인 많이 찾는 제주 · 가평 스위스마을

스위스 마을은 흔하다(?). 우선 그 유명한 가평 스위스마을. '에델바이스 테마파크'다. 각 건물이 스위스와 관련 테마관인 것도 특징. 알프스 소녀 하이디가 맞아주는 치즈 박물관과 초콜릿 박물관까지 없는 게 없다. 요즘 핫한 곳은 제주 스위스 마을이다. 조천읍 와산리 일대. 연예인마을로 통할 정도로 스타들이 눈독을 들이는 곳. 입구에 들어서면 보이는 1단지 19채가 바로 스위스로 공간이동을 하게 해준다.

✈ 현지인이 몰래 가는
'반의 반값' 주전부리 여행지

말하자면 'B급 투어'다. 늘 주연인 봄꽃에 가려 빛을 못 본 조연, 즉 주변이었던 '주전부리'를 위한 여행. 게다가 요즘처럼 지역 유명 메인 먹거리들이 살인적인 몸값 자랑할 때, 상대적으로 그뤠잇한 게 몸값 싼 주전부리니까. 늘 중간 계투였던 주전부리들의 여행계 주전 투입, 뭐 어떤가. 짠내로 뜬 개그맨 김생민 보시라. 그야말로 B급의 인생역전이다. 사회에선 B급인 당신, 오승환 뺨치는 주전 되지 말라는 법 없으니깐. 아, B급들에게 봄날 오라고 봄날 가기 좋은 곳, 엄선했다. 어깨 펴시라. 당당하게 떠나시라.

주전부리의 메카 통영 4대 먹거리

아예 주전부리로 뜬 곳, 아니 주전부리 때문에 가는 곳이 통영이다. 통영 주전부리 여행은 봄날이어야 좋다. 봄날에는 '4대 주전부리 끝판왕'이 있다. 으뜸은 사실상 주전이나 다름없는 메인 요리급 도다리 쑥국. 쑥국 투어엔 거제 통영을 두루 거쳐야 한다. 봄날 식당 문을 드르륵 열고 들어서면 마치 음성녹음처럼 들려오는 사투리 인사말이 더 맛깔스럽다. "봄에 도다리 쑥국 세 번만 무마(먹으면) 몸이 무거버(무거워서) 정제(부엌) 문턱을 몬(못) 넘는기라." 거제 포인트는 사등면 성포리 포구. 시어머니의 손맛을 며느리가 잇는 60년 전통 평화횟집이 첫손가락에 꼽힌다. 통영은 뭐니 뭐니 해도 '강구안'이다. 입춘 전후 돌아난 쑥국 한 그릇을 먹으면 한 해 병치레를 안 한다는 말이 있을 정도로 영양 만점이다.

메인요리로 배를 채우고 난 뒤엔 진짜 주전부리 투어. 명전동, 중앙동, 항남동 일대다. 봄에는 쑥국에 밀리지만 사시사철 '빅 3'로 꼽히는 주전부리는 충무김밥, 꿀빵, 빼떼기죽 3인방. 모두 원조가 통영인 전통 통영판 주전부리요, 한 끼로 충분한 튼실 주전 식사되시겠다.

꿀방은 적십자병원 뒤편 오미사가 원조다. 팥소를 넣어 튀겨낸 빵에 달착지근한 시럽을 듬뿍 발라준다. 그 위에 깨 토핑. 이거 정말이지 깨는 맛이다. 순위에 끼지는 못했지만 그냥 오면 섭섭한 '넘버 4' 주전부리는 우짜. 우동을 먹자니 짜장이 먹고

꿀빵　　　　　　　　　　　　　　　　　　　　　　　　　　　　　　충무김밥

싫고, 짜장을 먹자니 우동에 미련이 남는 손님을 위해 아예 그 둘을 섞어 버린 통영의 재치만발 주전부리다. 멸치를 닮은 밴댕이를 끓여 우려낸 국물로 국수를 만다. 그 위에 짜장을 얹은 뒤 후추와 고춧가루를 뿌린다.

해가 뉘엿뉘엿 질 때 술 한 잔 당긴다면 밤의 주전부리 '다찌집'이 있다. 그러니깐 이런 식. 술값만 내면 안주가 덤으로 나오는 경이적(?)인 시스템의 통영 전통 술집이다. 물론 요즘은 예전 방식을 고수하는 집이 많지 않다. 1인당 2~3만 원 식으로 일단 기본 주문을 받고, 추가 시 1만 원에 소주 1병과 안주를 내주는 곳이 대부분. 뭐 어떤가. '두당' 과금 방식이라도 튼실한 봄철 안주가 그득한데.

통영 주전부리 투어 100배 즐기는 tip

통영은 액티비티 천국이다. 최근 등장한 미륵산 루지도 명물. 여기에 케이블카를 타고 미륵산에 올라 한려수도를 내려다봐도 좋고, 옆구리에 미륵도의 바다를 끼고 출렁출렁 자전거를 타도 좋다.

4월까지만 먹는다? 섬진강 망덕포구 '벚굴'

남도에서 봄이 가장 먼저 닿는 곳 섬진강변. 이곳에 묘한 포인트가 있다. 강의 물줄기와 바닷물이 조우하는 망덕포구. 마치 그림엽서 같은 평안한 분위기다.

통영 벗굴

배알도라는 자그마한 섬 앞엔 띄엄띄엄 배들이 정박해 있다. 횟집이 길게 이어진다. 섬진강 끝자락에 남은 포구. 딱히 볼거리가 없는 어촌의 풍경인데, 이곳에 보석 같은 스토리가 숨어 있다. 윤동주 시인의 유고를 보관했던 낡은 정병욱 가옥(근대문화유산 제341호, 1925년 건립)이다. 마루 한쪽이 열려 있고 '원고가 숨겨져 있던 곳'이라는 안내 글자가 보인다.

스토리는 이렇다. 시인이 일본 유학을 떠나기 전 3부의 원고를 만들었는데 1부는 자신이, 나머지 2부는 각각 은사 이양하 교수와 절친한 친구이자 후배였던 정병욱에게 맡긴다. 이후 정병욱은 학병으로 징용당할 때 광양의 어머니편에 원고를 맡기는데 어머니가 일제의 수색을 피해 집 마룻바닥 밑에 원고를 숨겼고, 그 원고가 1948년 유고시집 《하늘과 바람과 별과 시》로 세상에 빛을 본 것이다.

망덕포구에는 특별한 주전부리가 있다. 이름하여 '벗굴'. 벗꽃도 아닌, 벗굴이다. 벗굴은 4월까지가 제철이다. 이곳 아니고는 맛볼 수가 없으니 이게 히트다. 본래 이름은 벙굴, 강굴. 강 속에서 먹이를 먹기 위에 입을 벌리는데 이 모습이 벗나무에 벗꽃이 핀 것처럼 하얗게 눈이 시리다고 붙여진 이름이다. 묘하게 입춘부터 벗꽃이 만개할 즈음까지 그 맛이 최고조에 달한다. 더 놀라운 건 몸집이다. 일반 굴의 10배 크기다. 굴전을 해도, 하나만 부치면 한 끼 식사로 충분할 정도. 서너 개만 먹어

122

도 배가 터질 지경이다. 망덕포구의 횟집 대부분이 이맘때 벚굴을 판다. 대부분 통째로 구워 먹는다. 아, 물론 실한 굴 몇 개(아니다. 한 개다. 배 터지니까)는 생으로 꼭 맛보시라.

시간이 넉넉하다면 망덕산(197m)을 올라보실 것. 백두대간 백운산 자락의 마지막, 호남정맥의 시발점이다. 섬진강의 발밑 풍경이 헬기에서 내려다본 듯 아름다운 곳이며 낙조와 일출을 볼 수 있다.

꽈배기와 분식, 서울 영천시장

출출한 오후, 입이 심심하다면 볼 것 없다. 서울 서대문 영천시장. 시장의 명물 꽈배기와 떡볶이부터 참기름 바른 꼬마김밥, 든든한 팥죽, 쫀득한 찹쌀순대, 시원한 식혜까지 입맛 돋우고 속을 채워줄 간식거리가 모두 모여 있다. 지하철 3호선 독립문역 인근. 주변에 역사를 간직한 서울 독립문과 서대문형무소역사관, 알려지지 않은 벚꽃 명소 '안산자락길'까지 볼거리가 많다.

담백한 화덕만두, 인천 차이나타운

두말 필요 없는 경기권 주전부리 메카 인천 차이나타운. 화덕만두를 비롯해 공갈빵, 홍두병 등 맛있는 먹거리가 넘친다. 요즘 핫한 주전부리는 화덕만두. 200도가 넘는 옹기 화덕에 굽는 중국식 만두인데, 일반 만두와 달리 겉이 바삭하다. 한쪽에 꿀을 바르고 겉이 부풀게 구운 공갈빵도 대표적인 먹거리. 빵에 팥소가 듬뿍 들어간 홍두병, 대왕 카스테라 역시 인기다.

화덕만두

건강한 메밀의 맛, 정선아리랑시장

메밀전병, 수수부꾸미, 수리취떡이 대표적인 곳, 봄나물까지 곁들여 맛볼 수 있는 정선아리랑시장(끝자리 2·7일, 토요일)이다. 메밀 반죽을 얇게 부친 뒤 김치, 갓, 무채를 버무린 소를 올려 돌돌 말면 메밀전병이 완성된다. 맛은 담백하고 식감은 아삭하다. 수수부꾸미는 찰수수 반죽에 팥소를 넣고 반으로 접어 기름에 부친다.

전복이 통째로 든 빵, 전남 완도

놀랍다. 전복하면 떠오르는 곳 완도. 완도에서는 빵에도 전복을 넣어서 먹는다. 이곳 명물이 전복빵. 전복 하나가 통째 들어간다. 빵을 가르면 오동통한 전복 속살이 가득하니 아, 끝내준다. 전복빵은 쫄깃하면서 부드러운 맛을 살리고 비린내

완도 전복돌솥밥

는 없다. 현지에서는 '장보고빵'이라는 이름으로 판다. 커피와 곁들여 먹어도 궁합이 좋다. 전복쿠키, 해조류라테도 있다.

✈ 왕복 1만 원 핵가성비!
해돋이 명당

모름지기 연말·연초 여행, 담백해야 한다. 누구나 찾는 해넘이·해돋이 명당. 먼 곳, 힘든 곳, 돈 많이 드는 곳은 스튜핏이다. 그래서 짠내투어족이 제대로 간다. 짠내투어족에게 딱인 무술년 그뤠잇한 알뜰 해돋이 명당 포인트. 1만 원 이내, 반나절. 총알 해돋이 명당이다. 삶, 바쁘다. 인생, 고달프다. 해돋이도 짧고 굵게 끝내자.

전철 타고 가는 '마실' 해돋이

거창할 것 없다. 그야말로 담백한 마실 해돋이 코스다. 일단 1,000원대부터 간다. 경기도 안양. 안양의 심장이자 영물로 꼽히는 삼성산이다. 1호선 석수역에서 내려 1번 출구로 나오면 끝. 곧장 삼성산 등산길이다. 해돋이 포인트는 삼성산 기슭 삼막사라는 사찰이다. 677년(신라 문무왕 67년) 신라 원효(元曉), 의상(義湘), 윤필(尹弼)이 모여 따로 집을 얽고 수도한 데서 유래했다고 알려진다. 산 능선을 따라 불쑥 내미는 무술년 첫 해를 보고 소원을 비는 포인트도 있다. 이곳의 소원 명물 남근·여근석이다. 사실 전국에 남근·여근석은 많다. 하지만 이게 떨어져 있다. 한데 삼막사 것은 다르다. 남근, 여근 두 개가 2m 간격으로 붙어 있다. 그러니

음양의 조화가 절묘할 수밖에.

이곳엔 명물 해돋이 포인트가 하나 더 있다. 산 중턱 16.6m 높이의 안양 전망대라 불리는 곳이다. 세계적인 네덜란드 건축가 그룹 'MVRDV'가 산 능선을 연장해 만들어놓은 예술작품도 볼 수 있으니 일석이조.

마실 해돋이에 파주가 빠질 순 없다. 전철 타고 반나절에 찍고 오는 대표적인 마실 해돋이 명당은 심학산. 지하철 6호선 디지털미디어시티역에 내리면 끝. 100번 직행버스(일산 가좌동 당음마을 하차)와 일반버스 20번(박사골 정류장 하차)만 타고 가면 된다. 한강의 물줄기와 임진강이 합쳐지는 강물 위로 철새들이 어우러져 겨울철 장관을 연출. 산 높이도 아담하다. 꼭대기까지 불과 194m. 한달음에 다녀오는 해돋이 포인트다. 해돋이 감상 뒤엔 둘레길 트레킹으로 힐링하면 완벽한 나들이가 된다.

파주의 또 다른 명소는 감악이다. 국가대표급 아찔 해돋이 포인트다. 높이 675m의 감악산. 이름부터 살벌하다. 바위 사이로 검은빛과 푸른빛이 동시에 흘러나온다 하여 '감악(紺岳)', 즉 감색 바위다. 개성 송악, 포천 운악, 가평 화악, 서울 관악과 더불어 '경기 5악(五岳)'으로 꼽히는 뼈대 있는 산이다. 이곳이 아찔 해돋이 포인트로 꼽히게 된 건 순전히 살벌한 출렁다리 덕. 다리 길이만 해도 150m. 산악 현수교로는 국내 최장이다. 이름하여 운계 출렁다리. 감악전망대와 운계전망대를 허공으로 잇는다. 이게 한층 더 심장 쫄깃해지는 건 폭이다. 폭이라 해야 고작 1.5m. 둘이 서면 어깨가 맞닿는다. 초속 30m 강풍에도 견딘다는데, 아, 공포다. 출렁다리 전용 2층 버스가 있으니 평소에는 이걸 타면 재미가 두 배.

잊을 뻔했다. 전철 타고 한 방에 쏠 수 있는 양평 두물머리. 경기권 해돋이 버킷리스트 0순위로 꼽히는 곳이다. 중앙선 전철을 타고 양수역에 내려 걸어서 10분이다.
남한강, 북한강이 머리를 맞대고 얽힌대서 두물머리라 불리는 이곳. 새벽 물안개를
뚫고 400년 묵은 느티나무 위로 치솟는 해돋이가 장관이다.

마실 해돋이 즐기는 

파주 감악산 2층 버스 요금은 일반 직행좌석과 동일한 2,500원(카드 2,400원). 두물머리에서는 2018년 해맞이 관람객 2,000
명에게 무료 떡국을 줬다.

출렁다리

왕복 1만 원, 서해서 보는 당일치기 반전 해돋이

서해다. '해넘이?' 하실 분들은 하수다. 요즘 핫한 게 서해 해돋이다. 그러니깐 성동격서다. 다들 동해로 갈 때 짠내투어족은 틈새, 서해로 쏘는 거다. 가는 법도 쉽다. 게다가 짠내투어족이 열광할 알뜰 전용 리무진과 공항철도만 타면 끝이다. 연말 공항철도의 변신, 무조건으로 슈퍼 그뤠잇 외칠 만하다. 그냥 인천공항까지 왕복만 하는 열차로 알고 있는 공항철도, 연말에는 해넘이, 해돋이 열차로 둔갑한다. 우선 해넘이 열차 1단 변신. 송년낙조열차 트랜스포밍이다. 보통 12월 마지막 날 낮 12시 50분에 서울역을 출발해 '인천공항역―용유도―차이나타운―을왕리 해변'에 도착해 낙조를 감상하는 코스. 서울에는 저녁 8시에 컴백한다. 1인당 가격이라고 해봐야 2만 원대. 아, 조건은 있다. 최소 출발 인원은 30명이 차야 한다.

신년에는 해돋이 열차 둔갑이다. 통상 1월 1일 오전 5시 40분께 출발, 공항을 찍은 뒤 모노레일로 갈아타면 된다. 모노레일 열차도 재밌다. 스마트다. 사생활 보호가 필요한 건물 옆을 지날 땐 자동으로 창이 흐릿해진다. 모노레일로 용유역에 내리면 끝.

첫 번째 해돋이 포인트는 거잠포. 거잠포는 용유역에서 걸어서 5분 거리다. 거잠포는 해가 뜨고 지는 멀티 항구로 유명하다. 특히 SNS 인증샷 포인트로 꼽히는 이유는 상어 지느러미를 닮아 '샤크섬'이라고 불리는 매랑도를 끼고 첫 해가 떠오르기 때문. 그러니 이곳 일출은 해가 딱 뜬 순간보다 그다음이 절정이다. 첫 해가 오메가 형태로 고개를 내민 뒤 서서히 공중부양해 거잠포구 앞 상어 지느러미 모양의 매랑도에 걸린다. 그야말로 한 폭의 그림이다.

거잠포가 붐빈다면 볼 것 없다. 바로 무의도로 P턴. 드라마 〈돈의 화신〉에 등장했던 1㎞짜리 황금빛 해변이 여기다. 제대로 일출을 품을 수 있는 포인트는 호룡곡산. 해발 246m짜리 앙증맞은 산이니, 누구나 편히 오를 수 있다. 하나개해변엔 시속 60㎞로 해변을 향해 내리꽂는 명물 집와이어 활강까지 있으니 꼭 타보실 것.

당일치기 말고 기어이 1박을 해야겠다면 왜목마을을 강추한다. 역시나 해넘이 해돋이를 동시에 보는 멀티 명소다. 1박 2일의 출발일은 당연히 31일로 잡아야 한다. 해넘이 보며 밤새운 뒤, 1일 해돋이 보고 오면 완벽한 1박 2일 여행이 된다.

충남 당진군하고도 왜목마을. 왜가리 목처럼 휘어진 곳이라 왜목마을이라 불린다. 앞쪽 국화도와 오른쪽 장고항 사이가 동쪽 바다다. 20여 년 전 장고항 쪽 노적봉 촛대바위로 떠오르는 환상 일출이 알려지면서 서해 해돋이 명소들을 '올킬'시키며 0순위 포인트로 떠올랐다. 일출·일몰 최고의 명당은 마을 뒷산인 석문산 정상(79.4m). 일출은 왜목마을뿐 아니라 인근 장고항과 왜목마을을 잇는 석문해안도로에서도 볼 수 있다. 시기별로 왜목마을 해변 앞 국화도와 장고항의 노적봉 사이를 오가면서 이뤄지는데, 신년 일출은 노적봉 촛대바위 오른쪽 산 위로 떠오른다. 사실 골든타임은 2월 구정 무렵. 바다 쪽으로 조금씩 이동해 2월에 촛대바위에 해가 걸리는 환상적인 장면이 연출된다.

서해 해돋이 즐기는 tip

공항철도 가격이라 해 봐야 일반 4,000원대. 직통 8,000원대. 공항철도 왕복 1만 원이면 반나절 나들이 충분하다. 거잠포구에는 100여 식당이 모여 있는 종합 회타운이 조성돼 있다. 일출 뒤엔 김이 모락모락 나는 바지락(해물) 칼국수를 꼭 드실 것. 왜목마을 먹거리는 겨울철 별미로 통하는 간재미탕과 물메기탕.

무의도

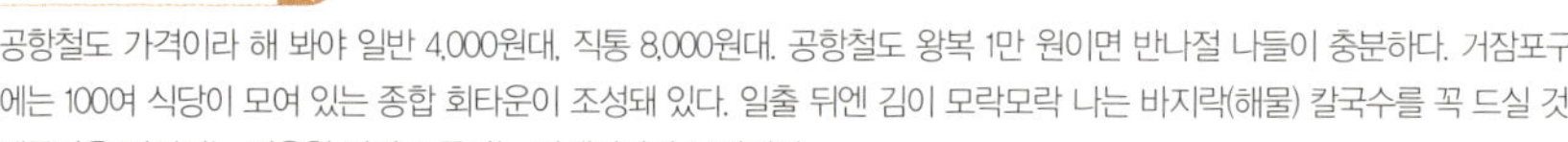

한강 선유도

성산대교와 양화대교 사이다. 9호선 선유도역(2번 출구)에 내리면 딱 10분이다. 선유도 공원의 일출 명당은 '보행자 전용다리'다. 이 다리는 한강을 가장 잘 조망할 수 있는 곳 가운데 하나로 도심 마천루와 양화대교를 배경으로 해돋이를 감상할 수 있다.

남산 팔각광장

지하철 충무로나 동국대역에 내려 남산버스(3번/5번)로 한번만 갈아타면 끝. 서울의 정중앙, 즉 '배꼽'인 곳이라 기를 제대로 받을 수 있다. 서울의 배꼽 표지석도 있다. 팔각광장 북쪽 귀퉁이다. 팔각정에서는 남성중창 합창, 해오름 함성, 만세 합창, 모듬북 공 등을 시민 약 1만 명과 함께 진행한다. 인근 성동구 응봉산은 일출 멀티명소. 한강과 서울숲, 잠실운동장 등 서울 동부권의 풍광을 파노라마로 품을 수 있다.

종로구 낙산공원

지하철 4호선 혜화역이다. 혜화동 뒤편 낙산공원 역시 최고 포인트. 옛 성곽 길을 따라 새해 첫해를 운치 있게 바라볼 수 있는 포인트다. 일출 감상 뒤엔 낙산공원 아래쪽 벽화마을인 이화마을에 들러 인증샷을 찍고 성곽 길을 따라 새해 소원을 빌며 멋진 트레킹을 즐길 수 있다.

한강 선유도

짠내투어족들 눈 크게 뜨고 째려보시길. 그러니깐 정말이지 순도 200% '핵가성비 여행'이다. 보통 먹방 분야에선 핵가성비하면 뷔페를 떠올린다. 일정 금액만 내면 조건 없이 무제한. 그냥 허리띠 풀고 음식만 쓸어 넣으면 된다. 이런 게 여행에도 있다. 뷔페처럼 무한리필 즐길 수 있는 여행. 벌써 심장이 뛰신다고? 늦기 전에 달려가시라. 소문나면 풀부킹될 수도 있으니깐.

무한리필 기차여행, 내일로

군침부터 꿀꺽 넘어가는 코스. 먹고 또 먹고, 아니 타고 또 타도되는 무한리필 기차 여행이다. 그러니깐, 티켓 딱 하나 끊고 횟수 제한 없이, 그것도 전국의 기차를 무한리필 탈 수 있는 거다. 방법도 쉽다. '내일로 티켓(패스)'만 사면 된다. 티켓을 끊으면 1주일간 전국 어디로 가건, 무제한, 무한리필로 기차에 오를 수 있다. 아, 단 조건이 있다. 서럽게도(?) 나이 제한. 이게 딱 만 29세까지다(불과 2~3년 전만해도 25세까지였다. 나이 먹는 거 서럽다). 시기도 정해진다. 여름, 겨울 딱 두 번 방학(휴가) 시즌이다. 보통 여름 · 겨울 휴가 시작 한 달 전부터 판매를 하니 째려보고 있다가 예매하면 된다.

탈 수 있는 기차의 종류도 거의 무한대. KTX를 제외한 전 노선 열차(ITX-청춘, ITX-새마을, 누리로, 무궁화호, 통근열차의 자유석 및 입석)다. 가격? 놀라지 마시라. 입 쩍 벌어질 정도로 그뤠잇이다. 5일 혹은 7일간 무제한타는 데 5일권은 6

만 원, 7일권은 7만 원씩이다. KTX(평일 월~목요일 지정좌석 이용가능)까지 탈 수 있는 '프리미엄내일로(5일권 11만 원, 7일권 12만 원)'도 있다. 거짓말 안보태고 서울―부산을 한 번만 왕복해도 본전은 뽑는다.

이러니 난리다. 티켓이 없어 못 팔정도. 아예 대학생들 사이엔 이 티켓으로 여행을 다니는 전문 마니아들인 '내일러(Railer)'까지 생겨났을 정도. 물론 아쉬운 점도 있다. 좌석이다. 내일로 티켓의 좌석은 '자유석'이다. 굳이 풀이하자면 '주인'이 없는 자리다. 그래도 이 티켓은 시즌 때마다 매진행진이다.

꼭 방문해야 할 '내일러 메카'도 있다. 이 티켓을 이용하면 공짜 숙박, 관광지 할인, 맛집 할인 등 추가 혜택을 듬뿍 주는 통 큰 지방의 기차역 리스트다. 정선 민둥산역 에서는 역무원 아저씨들이 관광 가이드까지 맡아주고, 침실 객차까지 덤으로 제공 해 준다. 영주역이나 충북 본부의 단양 도담역과 충주역에서도 1박 공짜 숙박 혜택 이 나온다. 개 띠해 무술년엔 아롱이, 다롱이 강아지들을 한때 명예역장으로 모셨 던 문경 점촌역이 인기다.

이쯤되면 이 티켓을 이용하지 못하는 올드(old) 짠내투어족들 슬슬 열 받으실 터. 걱정 마시라. 올드 짠내족을 위한 프리패스도 있다. 이름하여 '하나로 패스'. 티켓 딱 끊은 시점부터 사흘간 무제한 기차(KTX 제외)를 탈 수 있는데, 가격 6만 5,000 원이다. 심지어 1일 1회 좌석지정도 가능하니 요거 괜찮다. 예약은 사용개시일 7 일 전부터 가능하다.

무한리필 고속버스여행! EBL 패스

기차만 탈 순 없다. 내일로 고속버스판도 있다. 이름하여 'EBL(EXPRESS

▲순천만 ▼담양 죽녹원

BUS LINE) 패스'. 그러니깐, 고속버스 표 끊고 무한리필 버스를 갈아타며 전국을 돌아다닐 수 있는 고속버스 무한리필 여행이다. 방법? 내일로 패스만큼이나 간단하다. 기간은 월, 화, 수, 목요일 사이. 나흘씩 무제한인 셈이다. 화요일 티켓을 샀다면? 수, 목요일에다 그다음 주 월요일(금, 토, 일요일은 제외)까지 쓸 수 있다. 가격도 역시나 그뤠잇이다. 7만 5,000원. 서울—부산 왕복 버스비용이 비쌀 때 7만 원을 약간 넘으니, 제대로 한두 번만 타면 본전, 바로 빠진다. 압권은 이게 일반 고속버스만 타는 게 아니라는 것. 그러니깐 리무진급 고속인 우등이나, 심야버스에도 적용이 가능하다는 거다.

여기서 잠깐. 고속버스 EBL이 나름 기차 내일로보다 나은 장점 몇 가지를 찍어드린다. 첫째는 앞서 말했듯, 우등 심야버스에 적용이 된다는 것. 둘째는 좌석제다. 내일로가 자유석 기반인데 반해 EBL은 좌석이 딱 정해져 있으니, 부담이 없다. 셋째는 당일예약이 된다는 것. 일주일 전 미리 예약을 하고 티켓을 끊어야 하는 내일로와는 달리, 내키면 바로 떠날 수 있다. 주말을 껴서 수, 목, 월, 화요일 이용할 수 있고, 특히 기차역이 없는 곳을 이용할 수 있는 것도 EBL만의 매력이다. 마지막 보너스는 정해진 기간이 없다는 것. 일 년 내내 필요할 때 패스만 끊으면 된다.

'내일러 성지'처럼 EBL 성지도 있다. EBL 성지 여행코스는 딱 세 가지. 남도의 정겨움이 물씬 느껴지는 바다 여행코스가 1순위다. 코스는 이렇다. '부산(남포동, 감천문화마을)—순천(순천만)—여수(오동도, 향일암)'. 부산 남포동 책방골목과 감천동 감천문화마을에서 옛 고향 골목의 따뜻한 풍경을 감상한 뒤 바로 순천으로 뜬다. 세계의 정원과 습지가 펼쳐진 순천만을 찍고, 인근 여수에서 오동도와 향일암의 남해바다 풍경을 감상한 뒤 컴백. 연말, 연초에는 EBL 일출 여행코스가 인기. '서울

(동대문)-강릉(정동진)-삼척(촛대바위)' 루트다. 일단 동대문 야시장에서 심야쇼핑. 피곤할 때 쯤 심야버스로 한잠 때리며 강릉으로 쏜다. EBL 패스 할인이 되는 경포대 게스트하우스에 들러 잠깐 쪽잠. 날이 밝기 전, 그토록 기다리던 정동진으로 일출을 보고 컴백한다. 힐링 코스도 있다. '천안(천호지)-부여(궁남지)-남원(광한루원)-담양(죽녹원)'. 남도를 유유자적 떠도는 것도 그야말로 힐링인데, 특히 마지막 방점, 담양 죽녹원에서 삼림욕, 아니 '죽림욕'으로 찍는다. 완벽한 힐링이다.

감천 문화마을

무한리필 여행 버킷리스트

무한리필 시티투어

각 지자체마다 운영하는 시티투어도 무한리필. 한 번만 끊으면 종일, 이 버스를 무한정 탈 수 있다. 이게 재밌다. 1만 원대도 안하는 가격에 그 지역 여행 핫스폿들만 콕콕 찍어준다. 서천 군산 등 서해쪽 포인트들은 열차 안 족욕칸과 온돌방으로 유명한 '서해의 명물' 서해 금빛열차(골든트레인)와 연계해 운영하기도 한다. 2층 시티투어버스로 인기몰이 중인 곳은 서울과 부산. 아산 시티투어버스처럼 요일별로 달라지는 코스를 운영하는 곳도 있다.

무한리필 펜션

무한리필 펜션도 있다. 잠을 무제한 재워주는 건 아니니 오해하지 말길. 무한리필 해주는 건 바로 바비큐와 음료(술 포함)다. 원하면, 아침 해장국까지 무한리필로 빵빵하게 데워 주신다. 검색창에 무한리필 펜션만 치면 줄줄이 뜬다. 대표적인 곳은 경기도 양평군 청운면 다대2리에 있는 숲속의 아침 펜션. 비취본관과 통나무관, 에메랄드관, 토파즈관까지 테마형 구성이 눈길. 1인당 비용은 7만 원 선. 경기도 파주시 법원읍의 초호쉼터도 유명하다.

호텔도 무한리필?

특급호텔 무한리필도 있다. 놀랍게 슈퍼 그뤠잇한 가격. 이게 호텔들의 '해피아워' 타임이다. 명칭에서 느껴지듯 아워(hour), 즉 시간을 제대로 지켜야 하는 게 핵심이다. 보통 시간대는 저녁 6시에서 8시 사이. 이 시간대에 가면 맥주와 와인에, 세미 뷔페까지 모든 게 무한리필이다. 가격은 비싸야 3~4만 원대. 특히 평일에는 여성전용할인까지 겹쳐 가격은 더 내려간다. 서울에서는 남산 주변 그랜드앰배서더호텔과 밀레니엄힐튼호텔의 해피아워가 인기(연중무휴)다.

슈퍼 그뤠잇
반전 알뜰여행지

무조건 쌀 것. 하지만 '억'소리 날 정도의 반전이 있을 것.
자, 이제 좀 그레이드를 높여보자. 짠내투어 업그레이드 편, 반전 알뜰여행지. 그러니깐 핵심은 두 가지다. 쌀 것. 그리고 반전. 멀리 갈 것 없다. 주변에 널려있는데 몰라서 못 갔을 뿐이니깐. '미슐랭 별점 3(레스토랑이 아니다, 여행지다. 그런데 별점 3이다!)' 받은 여행지가 있는가 하면, 식상한 은빛 억새, 아닌 핑크억새 명당도 있다. 죄다, 당일치기로 다녀올 수 있는 짠내 코스다. 심지어 럭셔리 대명사 호텔도, 습격한다. 시간당 9,000원에, 아니 분당 200원에 말이다. 믿기지 않는다고? 그러면, 끝까지 읽어보시라. 직접 가보시라.

분홍빛 넘실대는 '억새 4대 성지'

'핑크 그뤠잇!' 여행도 유행이라는 게 있다. 은빛 억새만 찾으면 구닥다리시다. 불과 몇 년 전만 해도 세상에 없던 억새 · 갈대가 떴다. 요즘 '가을 인생샷 포인트'로 SNS를 달구고 있는 핫한 핑크 억새, '핑크뮬리(분홍쥐꼬리새, Pink muhly grass)'다. 한입 베어 물면 분홍 솜사탕처럼 녹아들 것 같은 핑크핑크함. 동화 속에서나 봄직한 이 녀석, 서양 억새다. 학명은 뮬렌베르기아 카필라리스(Muhlenbergia capillaris). 라틴어로 '모발 같은'이라는 뜻이다. 그 흔한 은빛 억새 대신 노을빛에 물든 몽환적인 분홍 억새라니. 분홍빛을 띠는 것만 해도 신기한데, 억새보다 숱이 잘고 많다. 학명처럼 헝클어진 머리카락 같은 느낌이랄까. 꽃이 피는 건 5월, 절정은 10월이다.

가뭄에 강해 빛이 잘 드는 곳에 주로 서식하는데, 한국에선 물빠짐이 좋은 제주가 최고의 포인트다. 마음먹으면 당일치기 충분히 가능한 게 더 그뤠잇. 그러니깐 가성비갑이다. 아, 당부말씀 한 가지. 부디 은밀하게 다녀오시라. 소문나면 붐비니깐.

핑크뮬리 인생샷 포인트로 꼽히는 '제주 빅 3 핫스폿'은 노아의 방주 모양을 형상화한 방주교회와 서귀포시 안덕면에 위치한 키친오즈카페, 제주시 한림읍 협재리에있는 마노르블랑카페.

핑크뮬리 포인트로, 제주만큼이나 핫한 곳이 경주다. 경주의 핑크뮬리 포인트는 보문관광단지 내 보문 콜로세움 앞과 대명리조트 입구 딱 두 곳. 선선한 가을, 경주

핑크뮬리

투어의 핫아이템 스쿠터와 세그웨이로 여행을 하는 청춘 남녀라면 어김없이 핑크뮬리 포인트를 찾아 인생샷을 찍는다.

제주와 경주에 이어 새롭게 떠오른 3대 성지는 부산. 분홍뿐 아니라 전 세계 억새란 억새의 종은 모두 볼 수 있는 '억새박물관'으로 뜨고 있다. 포인트는 대숲으로 유명세를 타고 있는 대저생태공원. 부산시가 아예 5억 원을 들여 핑크뮬리 군락을 조성해놓고 가을 나들이족을 유혹하고 있다. 핑크뮬리 외에도 팜파스그래스, 모닝라이트, 그린라이트, 무늬억새, 제브리너스 등 이색적인 억새 군락이 꾸며져 이국적인 정취를 자아낸다.

마지막, 4대 성지는 이미 추석 연휴 때 한바탕 난리가 났던 경기 양주시 나리공원(광사동 체험관광농원). 무려 12만 4,708㎡의 규모로 조성한 1,000만 송이 천일홍 군락지다. 사실 이곳은 조용히 가을 분위기를 내는 은밀한 가을 포인트로 알려진 곳. 한데, 분홍분홍 핑크핑크한 핑크뮬리 사진 몇 장이 SNS에서 퍼날라지면서 대박이 났다. 천일홍과 핑크뮬리 외에 칸나, 가우라군, 황화코스모스, 가을장미 등 50여 종의 꽃들이 만개해 있으니 제대로 된 인생샷, 도전해 보시라.

핑크핑크한 제주 보너스 맛집 

핑크뮬리와 딱 어울리는 맛집, 핑크 카페다. 헬로키티 아일랜드(서귀포시 안덕면 한창로 340)는 태생 자체가 핑크인 곳. 헬로키티 얼굴을 쏙 빼닮은 딸기 케이크부터 음료까지 먹거리도 핑크 일색이다. 해안마을 대평리에는 코르소가 있다. 분홍분홍 파스타와 피자 레스토랑. 외관 담벼락, 키우는 개집까지 온통 핑크인 '핫분홍' 포인트다. 분홍컵에 담긴 아메리카노도 인기.

대구 섬에서 보는 '억새'

핑크 억새만큼이나 믿기지 않는 곳. 대구의 섬(?)이다. 말도 안 된다. 내륙 한복판 대구에, 뜬금없이 섬이라니. 한데, 있다. 정말, 있다. 그 섬의 정체가 노곡섬. 하천의 유속이 느려지면서 퇴적물이 쌓여 금호강 가운데에 만들어진 섬이라 해서 이름이 강 가운데 섬, '하중도(河中島)'다. 잘 알려져 있진 않은데, 이곳, 한마디로 대박이다. 봄에는 유채꽃과 청보리밭이, 가을에는 코스모스로 계절마다 옷을 바꿔 입는다. 면적은 22만 2,000㎡ 정도. 앙증맞은 섬인데, 연간 무려 20만 명 정도가 찾는 대구의 핫 플레이스다.

하중도는 봄에도 가을에도 '인생샷 포인트'다. 봄의 하중도는 유채와 청보리가 주인공. 하중도 진입다리인 '노곡섬뜰교'와 연결된 '노곡교'가 SNS 인생샷의 핵심이다. 여기서 하중도를 내려다보면 하트 모양으로 가꿔 놓은 청보리밭을 카메라에 담을 수 있다.

또 가을 하중도는 코스모스 핫스폿이다. 코스모스 꽃단지 면적만 9만 8,500㎡다. 색은 그야말로 알록달록이다. 분홍·흰색의 코스모스가 7만 6,500㎡(78%), 노란색 꽃이 피는 황화코스모스가 2만 2,000㎡(22%)다. 시작은 노랑이다. 황화가 먼저 개화해 9월 말까지 하중도를 노랗게 물들인다. 일반 코스모스의 아래쪽에 맺힌 봉오리에서 피어나는 꽃들은 10월 초까지 가을 정취를 자아낸다. 코스모스에 밀려 빛을 발하지 못한 포인트가 물억새 단지다. '억새(억세)'게 재수가 없었을 뿐이다. 하지만 마음이란 게 갈대다. 이 억새 한 번 보면, 갈대처럼 코스모스 밭보단 물억새 포인트부터 찾으니깐.

대구 곱창

가을가을한 대구 맛집 

안지랑 곱창골목엔 푸짐한 돼지곱창구이를 내는 집들이 길 양쪽으로 40여 곳이나 늘어서 있다. 가을 밤 술 한 잔은 북성로 철물 공구 골목. 밤이면 포장마차촌으로 변신한다. 대구 근대문화거리를 찾았다면 반드시 서문시장을 함께 둘러봐야 한다. 납작만두, 누른국수(칼국수), 찜갈비 등이 먹방 빅 3!

반나절 억새 투어 버킷리스트

'억새 · 물안개 조합' 호반낭만길	대청호 오백리길 4코스 '호반낭만길'. 오백리길 중에서 대전 시내에서 가장 가까운 구간. 대청호 오백리길 주산동마을의 세랑지는 가을철 사진작가들의 최고 촬영 포인트로 꼽힌다. 버드나무와 억새가 어우러진 마을 어귀 습지에서 끝없이 안개가 스며 나오는 게 포인트.
'한국 갈대 7선' 신성리	억새 아닌 갈대를 원하는 분들, 게다가 순천만이 멀어서 못 가겠다는 분들에게 강추. 한산 모시만큼이나 유명한 게 이 지역 갈대다. 〈추노, 자이언트, 장옥정〉 등 영화 · 드라마 단골 촬영지. 금강2경이자 서천4경이며 우리나라 4대 갈대밭 중의 하나. '한국 갈대 7선'에 꼽힌다. 소곡주 한 잔도 빼놓지 말 것.
캠핑형 장안산 억새	기어이 하룻밤 자야겠다는 분들용이다. 전북 장수 장안산(長安山, 1,236m). 가을에는 단풍과 억새 산행지로 명성이 자자하다. 단풍 포인트는 방화동 계곡. 방화동 가족휴가촌이 캠핑 포인트다. 휴가촌 내에는 산림문화휴가관, 단독 산막, 자연학습장, 모험놀이장, 삼림욕장 등과 함께 오토캠핑장이 설치돼 있다.

✈ '공짜 물놀이장' 계곡,
상상초월 이색계곡 총정리

공짜 물놀이장의 메카 계곡. 이왕 갈 거 기막힌 데 한번 찍어보자. 딱 0.1초. 보자마자 '아!' 탄성이 나오는 닮은꼴 계곡 드림팀 라인업이다. 하트 모양의 계곡이 있는가 하면 한반도 지형, 심지어 '나이아가라 폭포' 닉네임까지 얻은 명물들이 있다. 입장료? 없다. 공짜다. 계곡이니까.

세상에? 계곡이 하트라고?! 문경 용추계곡

내친김에 '하트 계곡'부터 찍자. 보지 않으면 절대 믿기지 않는 곳. 한마디로 언빌리버블이다. 문경시조차 '문경8경' 으뜸에 놓은 용추계곡. 일단 용추 의미부터 알고 가자. '용의 비늘'이라는 뜻의 용추. 그러니까 용이 승천했다는 그 계곡이다. 용추라는 이름을 단 계곡은 많다. 가평, 함양, 이곳 문경까지.

하트 계곡은 문경 대야산에 있다. 찾기도 쉽다. 입구에서 등산로를 따라 15분 정도만 걸으면 된다. 이내 눈에 콱 박히는 비경의 핵심 너럭바위. 장정 200여 명이 족히 앉고도 남을 매머드급. 이게 놀랍게도 3단 콤보 변신이다. 1단 변신이 '하트'. 제일 상단이다. 거대한 암반이 수천 년 동안 물에 닳아서 원통형의 홈이 파인 꼴. 그 홈을 타고 맑은 계곡류가 엿가락처럼 꼬아 돌며 아래로 떨어진다. 그런데 움푹 파인 모양이 영락없이 하트. 잠깐. 사랑 소원을 이루겠다고 덜컥 뛰어들면 큰일 난다. 계곡에선 항아리 속 모양이라 손으로 잡을 만한 데가 없다. 익사 사고가 잦은 편이니 요주의.

아래쪽이 2단 변신의 중단 계곡이다. 상단보다 넓은 소다. 마치 잘 다듬어놓은 천연의 목욕통. 계곡 욕은 여기서 즐기시라. 3단 변신 하단부는 아이들 차지다. 중단에서부터 완만한 경사를 이루며 3m가량 암반을 타고 물이 흘러내리는데, 이게 미끌미끌 천연 미끄럼틀이다. 맨몸? 괜찮다. 튜브? 더 좋다. 기분? 비밀이다. 가보시라.

용추계곡 100배 즐기는 

용이 승천했다는데 놀랍게 용의 비늘. 용추 자국이 선명한 곳 하트 계곡 주변 너럭바위에 새겨져 있다. 하트 계곡 우측. 용추 계곡은 1986년 문경시가 지정한 문경8경 중 하나로 꼽힌다.

한국판 나이아가라, 한탄강 직탕폭포

강원도 철원, 하고도 한탄강. 은하수 '한(漢)'에 여울 '탄(灘)' 자를 쓴다. 큰 여울이란 뜻. 이 큰 강, 근본이 다르다. 이 일대가 무려 27만 년 전엔 화산. 물 아래 용

146

용추계곡

한탄강 직탕폭포

암이 흘렀던 게다. '한국의 그랜드캐니언'이라는 애칭이 그냥 붙은 게 아니다. 한탄강을 둘러보는 코스는 꽤나 길다. '직탕폭포-태봉대교-송대소-승일교-고석정'까지 6.5㎞. 그 첫 포인트가 한국판 나이아가라 직탕폭포다. 철원 8경 중 하나로 꼽혔지만 대중에게 알려진 건 드라마 〈덕이〉 촬영지로 뜨면서다.

사실 폭포라는 단어에만 꽂히면 실망할 수밖에 없다. 폭은 80여m. 하지만 높이는 불과 2~3m 정도다. 하지만 강물 전체가 아래로 통째 떨어지는 건 한반도에서 유일하다. 이곳에서 300여m 떨어진 송소대 역시 꼭 찍어봐야 한다. 한탄강 최고 절경 포인트로 꼽히는 송대소. 깎아지른 듯한 거대한 석벽의 병풍이 살벌하게 펼쳐진다. 여기에 촘촘히 박힌 주상절리. 마치 일본 미야자키 주변 도깨비 빨래판으로 불

148

리는 바다 위 주상절리를 세로로 세워놓은 놀라운 절경이다. 송대소를 지나 승일교 까지는 너덜지대. 강폭도 서서히 넓어진다.

마지막 포인트는 고석정이다. 20m 높이로 우뚝 선 화강암 고석바위. 한탄강 제1경 인 걸 뽐내듯 엄지처럼 우뚝 서 있다. 넘버원, 인정.

한탄강 100배 즐기는 

겨울엔 이곳에서 한탄강 얼음 트레킹을 즐길 수 있다. '태봉대교–송대소–승일교–고석정' 구간까지 총 6㎞.

한반도 모양 계곡, 양구 두타연

응당 대한민국 국민이라면 몸 한 번 담가봐야 할 '한반도 계곡'. 한반도 지 형의 모양을 쏙 빼닮은 계곡, 폭포가 있는 곳이다. 급하니까 일단 출발부터 하자. DMZ와 맞닿은 최북단 마을 두타연. 두타연이 놓인 곳이 대한민국의 '배꼽'으로 불리는 양구다. 그러니 두타연 주변엔 단전처럼 기가 모인다. 당연히 이곳 계곡물, 기차다. 심지어 발원지가 금강산이다. 살짝 발만 담가도 뭔가 남북이 하나가 된 듯 한 뿌듯한 느낌까지 들 정도.

이 두타연에서 꼭 봐야 할 명물이 한반도 계곡의 한반도 폭포. 계곡물이 급류를 타 며 1, 2단 폭포로 휘몰아치는데 그 모습이 한반도 지형을 닮았다 해서 '한반도 폭포' 라 불리는 곳이다. 이게 끝내준다. 높이 20m 정도의 큰 바위에서 쉴 새 없이 계곡 물이 떨어지고, 그 물이 아래에서 거대한 소를 이루는데, 그 모양이 영락없이 한반 도이니 말이다. 두타연 상류와 하류를 아우르는 '두타연길'도 명물. 길이가 3㎞ 안 팎이어서 성인 걸음으로 1시간이면 돌아볼 수 있다.

사실 한반도 계곡을 포함해 양구에서는 3색 계곡으로 불리는 계곡 트리플 콤보를 모두 찍어야 한다. 광치자연휴양림 안에 있는 명불허전 광치계곡과 파서탕, 두타연 3인방이다. 광치는 '걸으면 10년이 젊어진다'는 10년 장생길 4코스에 있다. 계곡보다 더 흥미로운 건 이곳의 은밀한 포인트. 그 하나가 글로 적기도 민망한 '옹녀폭포'다. 높이 3m 정도에서 절묘하게 아래로 떨어지는데, 그 모양새가 볼일(?) 보는 옹녀를 닮았다고 붙여진 이름이다. 더 재미있는 건 그 50m 정도 아래에 '강쇠바위'까지 있다는 것. 남근석 형태의 강쇠바위는 지상 위로 2m 정도 강렬하게 솟아 있다.

양구 3색 계곡 100배 즐기는 

광치계곡을 본 뒤 아쉬움이 남는다면 파서탕, 두타연까지 차례로 찍으면 된다. 잊을 뻔했다. 두타연 계곡 옆을 지나는 도로를 따라 곧장 가면 금강산이다. 지척인데 못 간다. 참으로 아쉬운 길.

이색 계곡 버킷리스트

절구 닮은 밀양 '호박소'	소의 모양이 방앗간에서 쓰던 절구의 일종인 호박(텨)을 닮아서 붙인 이름으로 암반형 소(沼). 폭포가 흐르는 주변의 경치가 정말 빼어난 포인트다. 이 호박소는 밀양시가 새로 선정한 '밀양 8경'의 하나로 꼽힌다. 이 인근 명물이 조물주가 빚은 걸작 '오천평 바위(반석)'. 계곡물이 빗질하듯 오천평 바위 위로 흐른다.
청송 백석탄	청송 하고도 안덕면 고와리. 이곳 명물이 계곡 주변 바위가 하얗게 셌다는 백석탄(白石灘). 고와리 마을을 끼고 15㎞ 가까이 이어지는 신성계곡이 포인트다. 언뜻 보면 알프스 연봉의 설산을 축소해 놓은 분위기. 청송에선 8경 중 제1경 자리에 이 '백석탄'을 올려두고 있다.
전남 남창계곡	내장산국립공원 입암산(626m) 기슭 남창계곡. 입구에서 조금만 오르면 놀라운 계곡 정원이 있다. 흐르는 물이 암벽을 넘어 3단으로 떨어지는 미니 폭포가 나오는데, 그 위쪽이 얼굴정원. 계곡물이 희한하게도 웃고 있는 얼굴 형상위 바위를 휘감아 돈다.
지리산 인월 피바위 계곡	사연이 전해진다. 전북 남원 황산에서 대승을 거둔 이성계가 도주하는 왜구를 섬멸하고자 했으나 날이 저물자 달을 당겨 밤늦게까지 싸웠다는 데서 유래한 지명이 지리산 '인월(引月)'. 이때 그 빛으로 왜장 아지발도(阿只拔都)의 목에 화살을 쏘아서 죽였다는 설이 있는데, 놀랍게 계곡물이 붉은빛이다.

두타연

'기록 그뤠잇' 기네스급 기록보유
물놀이터

큰 마음먹고 여름, 기어이 한 번은 찍어봐야 할 대한민국 국가대표급 기록의 물놀이장. 스튜핏한 가성비지만 뭐 어떤가. 기네스급 기록을 가지고 있다는데. 까짓것 인생 한번이다. 짠내투어족 일탈 한번쯤 꿈꾸시는 분들만 그뤠잇을 외치며 가 보시길. 들어서는 순간, '억' 소리, 나올 만한 곳이니까.

한옥이 통째 수영장 위에 둥둥? 장흥 한옥수영장

놀랍다. 도저히 이해할 수 없는, 말도 안 되는 수영장이다. 당연히 세상에 하나밖에 없다. 대한민국에서도 딱 하나다. 경기도 양주하고도 장흥(절대 전라도 장흥 아니다. 잘못 가시면 끝장이다. 다시 한 번 강조하지만 경기도다). 기네스급 수영장이 있다. 이름하여 양주 '장흥 한옥수영장'. 최근 한 예능프로그램에 잠깐 촬영지로 등장하면서 제대로 뜬 곳이다. 구조부터 기가 막힌다. 버선발 끝을 쏙 빼닮은 유려한 곡선의 기와지붕. 그 아래는 2층 구조다. 마치 정자 타입. 뙤약볕에도 그늘을 절묘하게 만들어낸다. 그런데 더 놀라운 건 1층 바닥. 물이다. 그냥 물도 아니다. 파도처럼 넘실넘실 연신 굼실거리는 정말이지 해수풀이다. 어라, 그런데 바닥 색이 옥빛이다. 안내를 하던 홍보 담당 입에서 황당한 멘트가 나온다. "바닥이 천연옥입니다. 그러니 물빛이 옥빛이지요. 제주도 여느 해변과 견줘도 손색이 없을 정도지요."

아, 놀라긴 아직 이르다. 전통한옥과 수영장의 만남만 해도 끝내주는데, 이 한옥수

한옥 수영장

영장의 '쩌는' 매력 또 있다. 놀랍게도 수영장 바로 옆에서 취사가 가능하다는 것. 그러니까 이런 식이다. 옥의 기운을 잔뜩 머금으며 아이들은 수영을 하고 있다. 엄마와 아빠는 한옥 1층에서 수영장을 빼곡히 둘러싼 평상 한쪽에 자리를 잡고 연신 고기를 굽는다. 평상도 매머드급. 물놀이를 즐긴 아이들이 낮잠을 자도 좋을 만큼 널찍하다. 정자를 쏙 빼닮은 2층은 한술 더 뜬다. 그저 바람만 스쳐갈 뿐인 줄 알았더니 그게 한옥 방갈로라는 것. 황토방 구조에 밥솥, 에어컨, 심지어 TV까지 갖춰진 첨단 시설이다. 여기에서도 당연히 바비큐 파티다. 수영장 방향으로 넓은 툇마루가 있고 이어지는 테라스엔 파라솔 테이블이 놓여 있다. 유유자적 편하게 세상을 내려다보며 고기를 굽고 밥상을 차리는 거다. 이런 게 바로 신선놀음이다.

한옥수영장 100배 즐기는 

수영장은 오전 10시부터 오후 6시까지 개방. 한옥 펜션 입실 시간은 오후 2시부터 다음날 오전 10시까지다. 7월 29일부터는 극성수기. 평소 5만 원인 한옥 방갈로(특대형 에어컨형은 30만 원)는 10만 원대다. 극성수기에는 펜션 중형방(최대 15명) 15만 원. 고기와 버너 일체는 매점에서 구입 혹은 대여가 가능하다.

바다와 가장 가까운 인피니티 스파, 부산 파라다이스 씨메르

통 한번 크다. 영락없이 부산 '싸나이' 스케일이다. 이왕지사 만드는 거, 부산 해운대 바다를 통째 품으라고 초근접 위치에 떡 하니 판을 벌였다. 그러니까 해운대 백사장과 멀어야 10여m. 해운대 터줏대감 특급호텔 파라다이스호텔 4층에 둥지를 트고 있으니 근접 거리로 따지자면 그야말로 기네스급이다. 게다가 쌍포다. 파라다이스호텔은 본관과 신관 2개 건물로 이뤄진다. 본관엔 대한민국 최초 인피니티 야외 스파 '씨메르'가, 신관엔 바다와 가장 가까운 수영장 '오션풀'이 버티고 있다.

우선 씨메르. 이름부터 절묘하다. Le Ciel(하늘)과 La Mer(바다)의 불어 합성어로, 하늘과 바다, 그사이에 있는 공간이라는 뜻이다. 규모도 매머드급. 약 1,322.3㎡(400평) 규모에 10개 스파풀이 구석구석 포진해 있다. 지루하지 않게 테마도 있다. 아트 & 네이처(예술과 자연), 오션(바다), 레스트(Rest, 휴식), 테라피(치유), 키즈(어린이)존이다. 이곳 압권이 아트 & 네이처존의 오션 스페이스(Ocean Space). '씨메르 인증샷'으로 불리는 바로 그 포인트다. 어깨를 스파 턱에 올려두고 뒤쪽에서 찍으면 마치 해운대 바다를 끼고 찍은 듯한 환상적인 '인피니티 샷'이 가능한 씨메르의 으뜸 인생샷 명당이다. 스파만 덩그러니 있는 것도 아니다. 스파풀 사이사이엔 30여 그루의 해송과 향나무가 절묘하게 배치돼 있으니 마치 발리나 푸켓으로 공간이동한 듯한 기분이다. 스파가 지루할 때쯤엔 신관으로 건너가면 끝. 새롭게 등장한 야외 오션풀(Ocean Pool), 인피니티 스파풀(Infinity Spa Pool)이 기다린다. 스파 높이를 해수면에 맞춰 마치 바다에 맞닿은 듯한 뷰를 감상할 수 있는 게 매력.

씨메르 · 오션풀 100배 즐기는 

광치계곡을 본 뒤 아쉬움이 남는다면 파서탕, 두타연까지 차례로 찍으면 된다.

기네스급 해수욕장 버킷리스트

정동진
| 기네스북에 오른 기록을 가진 정동진역. 바다가 가장 가까운 역이다. 불과 10여 m. 당연히 이곳 정동진 해수욕장은 기록의 바다인 셈. 아, 이곳으로 갈 땐 모름지기 '기록의 드라이브' 코스를 타야 한다. 그게 대한민국에서 바다와 가장 가까운 도로 헌화로. 강릉시 옥계면 금진해변에서 심곡항을 거쳐 정동진항까지 이어진다. 도로변 난간 높이가 70㎝라 차 안에서 바다가 훤히 보이는 게 매력 포인트.

'스카이바이크' 대천
| 국내 최초. 해외에도 사례가 없다. 바로 바다 위에 만들어진 레일바이크 '스카이 바이크'로 유명한 보령 대천해수욕장. 골든타임은 만조 때. 발아래 바다가 넘실거리는데 그 위로 레일바이크가 지난다. 왕복 2.3㎞. 중간에 휘어지는 S라인이 키포인트.

스카이워크, 해상케이블카 송도
| 기네스급 기록 두 가지를 보유한 기록의 해수욕장 부산 송도. 기록 1호는 바다로 이어지는 스카이워크, 폭 2.3m, 길이 무려 104m로 전국 최장. 기록 2호는 올해 부활한 해상 케이블카. 1.62㎞짜리 파노라마뷰가 일품. 편도로 8분 소요. 1964년 국내 최초 해상 케이블카였고, 1988년 철거 이후 29년 만에 부활한 명물.

해운대
| 전남 신안 임자도에 위치한 대광해수욕장. 백사장 면적이 360만㎡로 국내 최대를 자랑한다. 파라솔 최다 기록으로 기네스북에 오른 곳은 해운대. 2008년 해수욕장 1.5㎞ 구간에 파라솔 7937개를 설치해 세계 최고 기록으로 인정받아 기네스북에 등재.

정동진 모래시계공원

미슐랭 별점 3개,
국가대표 여행지

'미슐랭 그뤠잇'이다. 미슐랭 별점 3개를 받은 여행지라니. 게다가 한국에 있다. 심지어 대부분 도심 한복판이다. 전철 타고도 가는 왕복 5,000원짜리 당일치기 '미슐랭' 투어다. 이쯤 되면 독자들, 난리실 게다. 레스토랑 맛집도 아닌데, 미슐랭이라니? 그것도 별점 3개를 받은 한국의 여행지라니? 있다. 그 놀라운 곳. 지금부터 간다. 화끈하게, 당일치기 총알로.

미슐랭 별점 3개! 핫스폿 북촌 8경

'미슐랭 별점 여행지'라니. 뜬금없을 독자들을 위해 일단 개념부터 소개한다. 미슐랭가이드는 두 가지다. 일반적으로 레스토랑 등급을 매기고 별점을 부여하는 게 '레드 시리즈'다. 그런데 놀랍게 하나가 더 있다. 여행 정보를 소개하는 '그린 시리즈'. 별의 의미도 흥미롭다. 별점 3개, 즉 쓰리스타는 꼭 가봐야 할 곳(★★★), 투스타(별점 2개)는 추천하는 곳(★★), 원스타(별점 1개)는 흥미로운 곳(★)이다. 이들이 별점을 매긴 대한민국의 명소가 무려 110곳(꼭 가봐야 할 곳 23곳, 추천하는 곳 32곳, 흥미로운 곳 55곳)이다. 먼저 서울 한복판에 자리 잡은 대표 별점 3개 여행지, 북촌부터 찍는다.

북촌 투어, 어렵게 생각할 것 없다. 북촌의 명소를 하나로 꿰는 8경만 둘러보면 된다. 찾는 것도 쉽다. 바닥에 동판으로 1경부터 8경까지 딱 찍혀 있다. 여기를 '인증샷 포인트' 삼아 한 바퀴 휙 둘러보면 된다. 잠깐, 리스트 소개. 1경 창덕궁 전경, 2

북촌

경 원서동 공방길, 3경 가회동 11번지 일대, 4경 가회동 31번지 언덕(북촌전망대),
5경 가회동 골목길(오르막길), 6경 가회동 골목길(내리막길), 7경 가회동 31번지,
8경 삼청동 돌계단길이다. 베이스캠프는 일단 지하철 3호선 안국역에서 지척인 북
촌문화센터다. 구석구석 북촌의 역사와 다양한 여행 정보를 얻을 수 있는 포인트
다. 예서 북촌 8경의 위치가 표시된 '북촌 산책' 지도를 받으면 끝. 요즘 가장 핫한
플레이스는 2경 '공방길'이다. 이게 끝내준다. 각 분야 작가와 장인들이 옹기종기
모여 이룬 공방촌. 다양한 전통체험을 할 수 있으니, 아이들이 열광한다. 골목 끝까
지 가면 담벼락으로 막히는데, 이곳이 그 유명한 원서동 빨래터 자리다. 물은 사철
궁에서 흘러나온다. 궁인은 물론 백성도 여기서 빨래를 했다고 알려진다.

골목을 돌아 나오면 고희동 가옥이다. 우리나라 최초의 서양화가 고희동이 1918년 일본 유학을 마치고 돌아와서 직접 설계해 지은 집이다. 이 가옥을 나와 제법 가파른 언덕을 넘으면 중앙중·고등학교 정문이 보인다. 여기서 대각선 방향 골목으로 들어서면 북촌 3경이 펼쳐지는 가회동 11번지다. 크게 'S자형'으로 휘어진 골목 구석구석에 자수 공방, 민화 공방, 매듭 공방, 북촌전통공예체험관 등이 포진해 있다. 공방마다 명인들이 있고, 체험까지 할 수 있다.

인증샷 최고의 포인트는 그 유명한 북촌 6경이다. 경사도 30도 남짓한 내리막길을 따라 '가회동 골목길'이라고 불리는 곳. 아래에서 올려다본 풍경이 북촌 5경, 언덕에서 내려다본 풍경이 북촌 6경이다. 5경, 6경이 겹쳐진 것도 묘한데, 한옥과 골목을 따라 과거와 현재가 공존하는 600년 고도 서울의 모습을 만날 수 있는 것도 신비롭다. 별점 3개, 쿨하게 인정.

북촌 8경 당일치기 코스 (tip)

북촌문화센터 → 북촌 1경(창덕궁 전경) → 북촌 2경(원서동 공방길, 고희동 가옥) → 북촌 3경(가회동 11번지 일대) → 북촌 4경(가회동 31번지 언덕, 북촌전망대) → 북촌 5경(가회동 골목길 아래) → 꼭두랑 한옥(꼭두박물관 분관) → 북촌 6경(가회동 골목길 위) → 북촌 7경(가회동 31번지) → 삼청동 카페골목(북촌로5가길) → 감고당길(율곡로3길) → 인사동

전북의 미슐랭 명소 마이산

별점 3개, 아니 5개라도 주고픈 곳, 전북의 핫스폿 마이산(진안)이다. 670여 m의 두 봉이 쫑긋 솟아서 영락없이 말의 귀(馬耳)를 닮은 곳. 미슐랭이 꼽은 여행 고수들의 눈과 가슴에 콱 박혔을 게 틀림없다. 게다가 그게 암마이봉과 수마이봉이라니. 플러스, 마이너스 '암수'로 음양이 조화를 이뤘으니, 별점 3개가 그냥 나왔을 터. 일단 여행 포인트는 두 곳이다. 한 곳은 탑사. 묘하게 암마이봉, 수마이봉 사이

의 골짜기에 둥지를 튼 곳인데, 이곳에 그 유명한 돌탑 80여 개가 몰려 있다. 그저 돌을 쌓아 올린 건데, 이게 신기하다. 태풍이나 지진이 나도, 흔들림이 없다. 이곳 인증샷 포인트는 13m를 우뚝 뻗은 천지탑.

두 번째 포인트가 은수사다. 수마이봉으로 150m쯤 오른 뒤 화엄굴 고개를 넘어가면 닿는다. 일단 은수사의 으뜸 자랑거리부터 보자. 사찰 마당의 천연기념물인 줄사철나무(제380호)와 청실배나무(제386호). 청실배나무는 조선 태조가 심었다고 전해진다. 올해 600세가 넘은 고령인 셈. 당연히 영험할 터. 정화수 그릇에 물을 떠 이 배나무 아래 놓으면 그 가운데서 얼음 기둥이 거꾸로 솟는 '역고드름'이 생긴다

마이산 탑사

는 곳이다. 물론 봄철에는 볼거리 하나가 추가된다. 마이산을 끼고 도는 이 절묘한 '벚꽃로드' 십리벚꽃길. 이 꽃길은 야간에 더 볼거리다. 조명빨 듬뿍 머금은 벚꽃로드 전체를 조망할 수 있는 최고의 포인트는 탕금봉. 황금지붕 덕에 바라만 봐도 행운이 온다는 금당사 옆으로, 마이산의 황홀한 야경을 볼 수 있으니, 말 다했다. 쓰리스타 여행지답다.

진안 마이산 당일치기 코스  tip

마이산 탑사 → 은수사 → 탕금봉 → 진안 홍삼스파.
마이산에서 소원을 빈 뒤 가는 '애프터 소원' 코스, 진안 홍삼스파도 놓치지 말 것. '홍삼버블센스, 양 바테풀 테라피, 음 사운드 플로팅, 허브 테라피' 등 다양한 테라피를 받을 수 있는 데스티네이션 스파와 함께 가족 전용 '퍼블릭 스파'까지 있으니 입맛대로 골라잡으면 된다.

경복궁

미슐랭 별점 여행지 버킷리스트

경복궁과 창덕궁	가을 쌍으로 야간 개장(가을 달빛기행)하는 최고의 고궁 포인트다. 조선왕조 제일의 법궁으로 꼽히는 곳이 경복궁. 드라마 〈궁〉 〈해를 품은 달〉, 예능 프로그램 〈1박 2일〉까지 단골 촬영 명소. 인증샷 3대 포인트는 근정전, 사정전, 경회루. 은밀했던 후원이 유명세를 타는 창덕궁 역시 버킷리스트로 꼽힌다.
경주 양동마을	경주와 포항의 경계라 할 수 있는 곳에 위치한 경주시 강동면 양동마을. 양동마을은 2010년 안동 하회마을과 함께 '한국의 역사마을'로 유네스코 세계문화유산으로 등재된 곳이다. 마을 전체가 문화재(중요민속자료 제189호)로 지정. 대표 인증샷 포인트는 관가정이다. 당일치기? KTX타면 하루 두 번도 다녀온다.
전남 선암사	조계산(887.2m) 동쪽 자락에 자리한 태고총림 선암사. 1500년 역사의 고찰이다. 겹벚꽃이 봄에는 솜사탕처럼 피어나는 곳. 수종만 무려 80가지가 넘는 대한민국 최고의 힐링 사찰이다.

✈ 그뤠잇!
핵가성비 호텔

짠내투어족 '금기 1순위'로 꼽히는 호텔. 이 금기 제대로 깨드린다. 시간당 4,000원(싱글)짜리 호텔. 심지어 택시도 아닌데, 분당 200원 받는 '분당 과금' 호텔도 있다. 이런 그뤠잇한 호텔 정말 있냐고? 있다. 그것도 엄연히 '별' 달고 있는 진짜 호텔들이다. 믿기지 않으면 가보시라.

시간당 4,000원 인천공항 캡슐호텔

말도 안 된다. 인천공항, 그 안에 버젓이 호텔이 들어섰다. 이름하여 '다락

휴(休)'. 야심차다. 국내 최초의 '캡슐호텔'임을 내세운다. 위치는 인천국제공항 교통센터 1층. 이름만 '캡슐'이지 규모는 매머드다. 동서로 갈려 각각 30개씩 총 60실. 심지어 시스템, 첨단이다.

우선 사물인터넷(IoT)을 접목한 '키리스(Keyless)'. 그러니까 키 없이, 아니 자신의 스마트폰에 키코드를 심어 그냥 들고 있는 폰으로 방을 드나든다. 조명, 온도조절? 벽을 더듬으며 찾을 필요 없다. 폰 터치로 가볍게 해결. 개별 냉난방 시스템에 고감도 무선인터넷, 블루투스 스피커까지 없는 게 없을 정도. 압권은 소음 차단 시스템이다. 해외에서 가본 분들은 안다. 캡슐호텔의 가장 치명적인 결함, 소음이다. 코고는 소리가 아랫동, 윗동, 심지어 옆동까지 넘나든다. 한데 다락 휴, 끝내준다. 도서관 수준의 정숙함을 내세운다. 소음 강도 제어를 통해 늘 '40㏈' 이하로 관리한다. 객실 타입도 다양하다. '싱글베드+샤워 타입' '더블베드+샤워 타입' '싱글베드 타입' '더블베드 타입'이니 입맛대로 골라잡으면 끝. 베드 타입만을 이용하는 고객을 위한 샤워 룸도 별도로 마련돼 있다.

가장 마음에 드는 건 과금 방식. 놀랍게 시간당 과금이다. 잠깐 쉬고픈 분들, 그냥 스마트폰 들고 방에 들어가서 한잠 푹 자고 나오면 끝이다. 가격은 객실 타입별로 시간당 4,000원(싱글기준)~1만 원 이상까지. 설날, 갈 곳 없는 '혼설족(혼자 설 쇠는 여행족)'에겐 메카가 될지도 모르겠다.

인천공항 캡슐호텔 이용  tip

2017년 1월 20일 오픈했다. 사전 예약은 홈페이지를 통해서 하면 된다.
홈페이지 www.walkerhill.com/capsulehotel/kr/ **전화** (032)743-3000

셀럽이 디자인한 특급호텔, '분당 200원' 요금파괴

시간당 과금에 놀라지 마시라. 한술 더 뜨는 곳이다. 놀랍게도 '분당 과금'을 내세운 특급호텔. 들어간 순간부터 분당 계산을 하고 나온다. 심지어 허접한 모텔도 아니다. 이름만 대면 아는 스타급 연예인들이 직접 객실 디자인에 참여한다는 '호텔 더 디자이너스(Hotel The Designers)'다.

요즘 호텔업계에서 가장 핫한 곳이 여기다. 2012년 삼성점 개관을 시작으로 홍대, 종로, 인천, 동대문, 강남 프리미어, 청량리까지 세를 불리더니 작년엔 건대, 여의도점까지 오픈하며 승승장구하고 있다. 2017년 2월 숙대입구점까지 개관하여 국내 토종 호텔 브랜드로는 최초로 총 1,000여 개 객실을 돌파하는 대기록을 세웠다.

트레이드마크 디자이너부터 볼까. 각양각색의 전문 디자이너들은 물론 유명 셀럽이 디자이너로 참여한 곳은 호텔마다 1곳 또는 2곳으로 운영되는 '스위트룸'이다. 그래피티 아티스트 범민을 비롯해 공간 디자이너 조은영, 하선미, 인테리어 디자이너 장수진 씨가 참여한 것쯤은 약과. 가수 김완선, 강수지까지 왕년의 스타들을 비롯해 1세대 아이돌 HOT 토니안, 젝스키스 김재덕 그리고 작년 여의도점에는 티아라 보람까지 '시그니처룸'을 만들어 놓고 있다.

최근 가장 핫한 곳인 여의도점 티아라 보람 객실은 일본, 중국 팬들이 몰리면서 그야말로 매진 행렬이다. 'Dream come true'란 콘셉트로 화려한 컬러의 산뜻함을 더해 톡톡 튀는 보람만의 스타일을 구현했다는 평가.

이곳의 분당 요금제 역시 세계 최초다. 현재는 동대문점과 함께 강남 프리미어, 청량리, 건대, 여의도에 적용 중이다. 이 방식이 기가 막힌다.

일단 택시처럼 기본요금이 있다. 더블(트윈), 디럭스, 스위트룸까지 모두 1만~1만

5,000원대에 출발한다. 이후부터는 택시처럼 분당 요금이 올라간다. 더블룸은 분당 100원, 디럭스룸은 분당 150원, 스위트룸은 분당 200원씩이다. 30분 기준으로는 3,000원, 4,500원, 6,000원이 각각 부과된다. "여보, 어서 씻어. 30초 지나면 또 200원이라니까." 남편들 퉁명스러운 지적이 들리는 것 같다.

호텔 더 디자이너스 이용 
호텔 더 디자이너스 홈페이지에서 다양한 정보를 확인할 수 있다.
홈페이지 hotelthedesigners.com **전화** (02)568-8370

밤도깨비 호텔이 있다고?

놀랍다. 1박 3일짜리 여행 상품에나 쓰이는 '밤도깨비' '올빼미' 수식어가 호텔업계, 그것도 특급호텔에 속속 등장하고 있다. '밤도깨비 특가'를 최초로 선언한 곳은 놀랍게도 쉐라톤 그랜드 워커힐. 밤 9시 이후에 체크인을 하면 데일리 판매가 대비 무려 35%를 할인해주는 식이다. 요즘은 24시간 투숙을 내세우는 곳도 많다. 짠내투어족에겐 기회다.

1인용 호텔도 있다!

평균 투숙률 95%대. 게다가 1인룸이 90% 이상인 싱글호텔. 서울까지 전국적으로 세를 불리고 있는 비즈니스호텔 체인 토요코인(www.toyoko-inn.kr)이다. 토요코인 부산 중앙동엔 전체 491개 객실 중 싱글룸만 381개다. 주차는 전자동, 스스로 해야 하고 아침 뷔페도 1인용 테이블에 앉아 혼자 먹는다. 심지어 일하는 전 직원이 여성인 놀라운 아마조네스 군단 호텔. 가격도 40~50달러(4~5만 원) 수준.

164

토요코인 호텔

코오롱그룹이 논현동에 문을 연 호텔. 놀랍게 애견을 데려가는 호텔이다. 애견과 호텔방에 함께 묵어도 된다. 141개 객실 중 6개 객실이 애견에게 개방되는 바커룸(1박, 25만 원). 바커룸에는 개를 위한 호화 시설이 가득하다. 애완견 전용 자작나무 침대와 편백나무 욕조는 기본. 애견용 장난감 · 껌 · 사료(200g)도 준다. 애견을 위해 닭가슴살(6,000원), 미역국(1만 원) 등 룸서비스도 신청할 수 있다.

겨울에만 볼 수 있다, 한정판 겨울 여행지

모름지기 '한정판(리미티드 에디션)'이라면 스튜핏하게 비싸야 하는 법. 이걸 깨는 반전여행지가 있다. 딱, 일정 시기만 볼 수 있으면서 그뤠잇한 저가여행이 가능한 곳. 크리스마스를 앞두고 연말 찾게 되는 한정판 겨울 산타마을이다. 갈까 말까 어어, 하다보면 사라져서 1년 또 기다려야 한다. 그러나 골든타임에 맞춰 무조건 달려가시길.

핀란드 로바니에미 닮은꼴, 봉화 분천

'66도 33분' 북극과 맞닿은 진짜 산타마을 핀란드 로바니에미를 통째 옮겨놓은 곳. 경북 봉화 분천역 산타마을이다. 아, 365일 산타마을을 표방하는 곳이니 한정판 여행지 아니지 않냐고? 천만에. 가는 방법이 '한정판'이다.

눈을 뚫고 달려가는 '설국열차' V트레인이 연말에만 한정판 산타열차로 둔갑한다. 산타 복장으로 싹 갈아입은 승무원들의 캐럴 이벤트를 쉴 틈 없이 즐기며 산타마을 분천역을 찍으니, 이게 끝내준다. 사실 V트레인은 그 자체로 명물이다. 애칭은 백두대간 협곡열차. 그러고 보니 'V'라는 글자의 모양새 영락없이 협곡이다.

게다가 코스, 알프스 뺨친다는 백두대간의 V자 협곡 사이를 요리조리 질주한다. 코스는 경북 분천을 기점으로 양원 승부를 찍고 강원 철암역까지 총 27.7㎞. 그야말로 백두대간의 하이라이트 구간이다. 무엇보다 마음에 드는 건 속도. 시속 30㎞. 꾸물꾸물 기어간다. 굼벵이다. 그러니 풍경, 또박또박 박힌다. 여기에 곳곳에 놓인 응팔(〈응답하라 1988〉)식, 복고의 오브제들. 옛날 접이식 승강문에 목탄 난로, 회전식 선풍기까지 있다. 산타열차 안에서 과거로 시간 이동이 끝난 다음은 공간이동. 도착한 분

분천 산타마을

천역은 66도 33분, 북극 로바니에미로 옮겨 놓는다. 오직 열차로만 갈 수 있었던 오지 중의 오지 분천. '산타 콘셉트' 하나로 40억 원의 경제효과를 터뜨린 경이로운 역이다. 내리면 딱 0.1초 만에 입이 쩍 벌어진다. 역사 굴뚝에 매달린 거대한 산타 조형물. 간이역 앞에 놓인 루돌프 조형물까지 영락없이 북유럽이다.

겨울 한정판 보너스는 눈썰매장과 추억의 얼음썰매장. 아이들 열광하는 리미티드 에디션 '산타 마차'도 납신다. 아, 물론 루돌프 사슴이 끌진 않는다. 대신해 느릿느릿 당나귀가 분천역 주변을 한 바퀴 돌려준다. 출출할 때는 먹거리 한정판 코너가 기다린다. 장작불에 고구마 · 감자를 즉석에서 구워먹을 수 있으니 꼭 맛보실 것.

분천 산타마을 즐기는 

제대로 된 산타마을 둔갑 시기는 연말부터 매년 2월말까지. 코레일에서 연말 크리스마스를 앞두고 매년 '당일치기 한정판 눈꽃열차'를 선보인다. 서울역 출발. 청량리역과 제천역을 경유, 승부역–분천역 산타마을을 둘러보는 당일 코스. 평소 분천역을 가는 V트레인(협곡열차) 가격은 편도 8,400원이다.

연말만 본다, 한정판 산타마을 나주 이슬촌

진정한 연말 한정판 산타마을이다. 게다가 일반 마을이니 입장료도 없다. 평소에는 영락없이 한적한 시골. 한데 연말이면 놀랍게 '산타마을'로 트랜스포밍을 한다. 변신 산타마을인 셈. 전라남도 나주하고도 노안면의 이슬촌마을. 이 마을이 재밌다. 60대 이상 노인 140여 명이 모여 산다. 한데 이들, 죄다 천주교 신자다. 마을 주민 거의 전부가 성당을 다니는 것이다. 그러니 크리스마스 예사롭지 않다. 아예 마을 전체를 산타마을로 장식한다. 크리스마스 축제 기간은 연말까지. 당연히 이 기간 이슬촌은 여행족으로 북새통이다.

이슬촌의 하이라이트 스폿은 마을의 구심점이자 존재 이유인 성당이다. 지은 지 무려 100년. 빨간 벽돌로 지은 낡은 건물이다. 이게 그 유명한 '노안성당'. 외벽과 주변 나무를 색색의 전구들이 에워싸 화려한 불을 밝힌다. 마을 입구 주택 담벼락도 2단 변신. 트리와 함께 루돌프 썰매 벽화가 그려진다. 어르신들도 절로 신이 난다. 너 나 할 것 없이 산타 복장을 하고 흥을 돋운다.

잊지 말고 들러야 할 산타 포인트도 있다. 이름하여 이슬촌 산타 우체국. 컨테이너 박스를 가져다가 만든 간이 우체국이다. 아이들의 '순수함'을 지켜주기 위해 산타 할아버지에게 편지 한 통은 꼭 부쳐야 한다. 아이들과 함께라면 체험형 프로그램도 꼭 즐기시라. 머그컵, 산타 양초 만들기는 기본. 풍등 날리기, 소망 엽서 쓰기 이벤트에 아이들이 열광한다. 잊을 뻔했다. 평창 패딩 밤샘 줄 못지않은 웨이팅을 각오해야 하는 액티비티. '짚풀 미끄럼틀 타기'와 '산타 트랙터'다. 농사용 트랙터를 개조해 만든 산타 트랙터는 이슬촌의 겨울 명물이다. 나주 명물인 곰탕을 비롯해 어묵·순대 등 먹거리도 꼭 맛보실 것.

청도 프로방스마을

주민들이 직접 재배한 콩·깻잎·검정쌀·메주 등을 판매하는 간이 장터도 포인트. 나주금성관, 향교, 목사내아 등 주변 볼거리도 둘러보면 좋다.

주소 전남 나주시 노안면 이슬촌길 119

한정판 산타마을 버킷리스트

안산 별빛마을

경기도 안산에도 산타마을이 있다. 안산 별빛마을. 365일 빛 축제를 하는 놀라운 마을인데 겨울 시즌 한정판이 '로바니에미 산타마을 빛 축제'다. 한정판 기간은 2018년 3월 말까지. 핀란드 산타마을 로바니에미를 통째 옮겨왔다는 의미다. 화이트 러브 로드, 큐피드 로드, 레인 로드, 프러포즈 로드 등 LED조명 작품들이 빛나는 다양한 테마존이 매력. 낮에는 100여 가지 다양한 포토존과 함께 아기자기한 소품, 예쁜 집들이 맞이한다. 주차는 무료, 운영시간은 오후 3시부터 밤 11시까지(공휴일과 토요일은 자정까지 운영). 입장료는 어른 7,000원, 어린이 5,000원.

홈페이지 www.star1723.co.kr

포천 허브아일랜드

불빛동화축제가 메인 테마다. 공중부양 대형문어, 하트조명 터널, 핑크 프로포즈존, 하프 연주 여인 등 조형물이 가득한 연말 SNS 명소. 겨울 한정판은 산타마을 라벤더 밭. 이 밭을 가득 채운 오색 불빛 라이팅 쇼는 언제 봐도 감탄을 자아내는 풍경이다. 크리스마스 포토존, 크리스마스 만들기 체험(리스, 촛대, 트리) 등 특별 체험도 매력. 산타복을 빌려 세상에 하나뿐인 인증샷도 찍을 수 있다. 입장료는 어른 6,000원, 어린이 4,000원.

홈페이지 herbisland.co.kr/herbisland

청도 프로방스마을

인증샷 메카 경북 청도 프로방스마을에도 한정판 산타마을이 펼쳐진다. 2018년 3월 말까지 진행되는 크리스마스 빛 축제의 메인 무대 크리스마스 마을. 크리스마스 로드, 화이트 러브 로드, 큐피드 로드, 러브 로드, 빛의 숲이 핵심이다. 겨울 하이라이트는 크리스마스 로드. 철도 주변에 밀집한 산타클로스 조형물 수십 개가 몰려 있다. 이 마을의 명물인 노란 열차는 최근 귀신열차로 둔갑해 아찔함도 준다. 최고 백미는 '야경 짚라인'. 쇠줄을 타고 산타마을을 내려다보며 허공을 질주하는 액티비티. 입장료는 어른 8,000원, 어린이 6,000원.

홈페이지 www.cheongdo-provence.co.kr

✈ 알뜰족의 메카,
야시장 투어

평생 수면시간, 다 긁어모으면 25년. 무려 23만 9,000시간이다. 아깝다. 안 된다. 밤을 돌려놓자. 야(夜)한 밤 나들이. 게다가 시장이다. 짠내투어족에게 빠질 수 없는 슈퍼 울트라 그뤠잇 '야시장'. 요즘 야시장 웬만한 여행 포인트 뺨친다. KTX까지 뚫렸으니 목포 광주 야시장은 당일로도 찍고 온다. 자지 마시라. 졸지 마시라. 가보시라.

105년 역사 광주 송정 야시장 '회춘여행'

나이 105세. 104세 하고도 4개월쯤 지난 2016년 4월에 성형까지 한 노구의 컴백, 아니 회춘이시다. 1913 송정 야시장이라. 그러고 보니 요즘 송정이 미는 여행 테마도 '회춘'이다. 당일치기 총알여행 코스에 광주하고도 송정역 넣는 건 반칙 아니냐고? 천만에다.

KTX 뚫린 지 오래다. 왕복 4시간, 반나절이면 찍고 온다. 성형 효과(?)에 야시장 '조명발'까지 합쳐졌으니 분위기도 끝내준다. '전통과 현대의 하이브리드'다.

접근성은 탁월하다. 송정역에서 불과 200m다. 옛 이름은 송정역전 매일시장. 알고 보면 규모는 작다. 골목이 직선으로 170m 정도. 딱 봐도 이 끝과 저 끝이 한눈에 담긴다. 하지만 열기만큼은 폭발한다. 열정으로 똘똘 뭉친 청년 상인들의 점포와 각자의 터전을 재해석한 터줏대감 상인들의 점포 60여 개가 다닥다닥 어깨를 맞대고 있다. 업종도 없는 게 없다. 어물전, 빵집에 국숫집 찍고 의상실, 사진관까지. 오

송정역 야시장

호, 간판은 또 어떤가. 옛 정취 묻어나는 '상회'가 눈에 띄는가 하면 '느린먹거리' '우아한쌈' '고로케삼촌'까지 개성 만점 상호도 즐비하다.

당연히 먹방 지존 가게들은 '웨이팅'이 기본이다. 고소하고 달콤한 빵 냄새가 솔솔 나는 '또아식빵'은 늘 북새통. 채소, 김치를 삼겹살로 뚱뚱하게 말아 구운 '삼뚱이' 맛집도 20~30분 대기는 기본이다. 서울에서 마실 나온 시간 급한 분들은 우아한 쌈이 필수 코스. 구운 삼겹살 한 점을 채소와 함께 싸 먹으면 1,000원. 소주 한 잔 곁들이면 500원이다. 쌈에 소주 한 잔을 마시는 데 1,500원. 소요 시간도 딱 3분이다. 당연히 자유여행객에게 인기다.

아예 가게를 빌려주는 대여 가게도 놀랍다. '누구나가게'라는 곳이다. 이런 거다. 물건을 팔고 싶은 여행족, 누구나 이곳을 일주일 단위로 빌려 장사하면 된다. 송정 야시장, 또 다른 재미는 불쑥불쑥 만나는 숫자다. 나이를 짐작케 하는 그 연도, 하나같이 귀하다. 1920년, 1959년, 1964년…. 점포 앞 길바닥에 새겨진 숫자는 그 가게가 문을 연 시기다. 마치 역사를 밟으며 현재를 돌아보는 기분. 아, 이런 게 회춘이다.

송정 야시장의 정기휴무일은 둘째 월요일, 자율휴무일은 넷째 월요일이다. 회춘 여행의 방점은 광주 대표 달동네 청춘발산마을에서 찍으면 된다. 근대 풍경을 100년 넘게 지켜온 양림동역사문화마을, 이 마을 건너 정크아트로 꾸민 펭귄마을도 포인트.

송정 당일치기 총알 여행 코스 2선 

① 근대문화 코스: 펭귄마을–양림동역사문화마을–사직공원전망타워–1913 송정역시장
② 문화예술 코스: 국립아시아문화전당–청춘발산마을–1913 송정역시장

대구 교동 도깨비 야시장 '먹방여행'

먹방투어의 메카 대구. 치킨마니아들, 똥집튀김 먹으러 당일 원정 가는 곳이 또 대구다. 먹방여행족에겐 성지나 다름없는 곳, 이곳엔 도깨비 야시장이 둥지를 트고 있다. 상설 야시장으로 첫선을 보인 건 작년 5월이니, 비교적 최근이다. 규모는 역시나 작다. 원래 20개 넘는 점포가 올빼미 장사를 했는데, 서문시장 '야시장 개장' 직후 축소돼 지금은 10여 개 점포가 손님을 맞는다. 그러니 도깨비 야시장은 아예 교동귀금속거리, 야시골목, 구제골목, 통신골목 등 동성로의 명물 골목을 찍는 '야시장 탐험' 루트로 엮으면 제대로 즐길 수 있다.

이곳에도 지존 먹방포인트가 있다. 오동통한 새우와 팽이버섯을 삼겹살에 돌돌 말아 구운 버섯새우말이, 여기에 토치를 이용한 직화구이 불막창, 무즙을 사용해 만

서문 야시장

든 무떡볶이까지. 내공이 느껴지는 메뉴들이다.

여기서 잠깐. 교동 도깨비 야시장을 두 배 재밌게 즐기는 팁. 토요일에 방문하는 것이다. 야식 말고, 보너스 '플리마켓'이 함께 열려서다. 손글씨로 꾸민 엽서와 드라이플라워, 꽃고무신, 더치커피 등 야시장과 더불어 구경하는 재미가 쏠쏠하다. 시장 골목을 벗어나 대구역 맞은편 대우빌딩 앞부터 옛 한일극장 횡단보도 구간 사이 넓은 공간에서 열리니 돌아다니기도 좋다. 야시장은 매일 오후 6시부터 자정까지, 플리마켓은 토요일 오후 6시부터 9시까지다.

사실 대구엔 야시장 쌍포가 하나 더 있다. 전국 최대 규모, 매머드급 야시장 서문시장. 2016년 말 화재 이후 임시 휴장하던 서문 야시장이 2017년 3월 3일, 다시 문을 열고 전국의 여행자를 맞이하고 있다. 시장 안 350m 정도 이어진 주 통로는 매일 밤 불야성이다. 음식과 잡화, 소품 등을 판매하는 노란색 점포 80여 개가 불을 밝힌다. 이곳 재미는 공연이다. 흡사 서울 홍대 분위기. 거리 한쪽에 마련된 무대에서 작은 콘서트와 버스킹 공연이 끊이지 않는다. 간간이 이어지는 경품 행사와 건물 벽면에 펼쳐지는 미디어파사드는 특별한 양념이다.

대구 야시장 여행 tip

① 도깨비 야시장은 매일 오후 6시부터 자정까지. 서문시장 야시장은 서문시장이 파한 뒤 오후 7시부터 11시 30분(금 · 토요일 자정)까지 열린다. 주말엔 북새통이니 가급적이면 평일에 방문하는 게 팁

② 대구 당일치기 여행 코스: 대구 근대문화골목 투어–대구근대역사관–동성로–교동 도깨비 야시장

한국관광공사 추천 그뤠잇 야시장

전주 남부시장
| 전주 남부시장은 매주 금요일, 토요일이면 길이 250m 시장 통로에 이동판매대 45개와 사람들이 북적인다. 먹거리와 공연, 즐길거리가 풍성해 여행자는 물론 주민도 자주 찾는 곳이다. 주말 야시장에 다녀가는 손님은 평균 8,000~9,000명.
주소 전북 전주시 완산구 풍남문 1길

상설 야시장 1호
| 부평깡통야시장은 2013년 상설 야시장 1호로 개장해 전국에 야시장 열풍을 일으킨 주역. 국제시장, 자갈치시장과 함께 부산 3대 시장으로 꼽히는 부평깡통시장 골목 110m 구간에 매일 들어선다. 오후 7시 30분에 이동판매대 30여 개가 입장하며 시작된 야시장의 열기는 자정까지 이어진다.
주소 부산 중구 중구로 33길

'님과 함께' 목포 남진야시장
| 목포역에서 2㎞ 남짓, 자동차로 5분 거리에 있는 자유시장 한쪽에는 매주 금요일, 토요일 저녁 야시장이 문을 연다. '한국의 엘비스 프레슬리'라 불리며 1970년대를 풍미한 가수 남진의 이름을 딴 남진야시장이다. 전국 최초의 가수 이름을 딴 야시장.
주소 전남 목포시 자유로 122

남진 야시장

짠내족 열광, 짧고 굵게
강릉 당일치기!

뚫렸다. 시원하다. 평창 동계올림픽과 함께 당일치기 여행 코스로 대박 난 강릉. 경강선 KTX가 뚫리면서 1시간 반이면 찍으니, 정말이지 천지개벽이다. 짠내투어족이라면 놓칠 수 없는 강릉 당일치기. 돈 안 드는, 인생샷 포인트만 콕 찍어 드린다. 쉿. 조용히 가시라. 소문나면 유료로 바뀔지 모르니깐.

경포 해변

억울했던 넘버투 해변 '강문'

강문은 억울했다. 국민 해변 경포에 밀려 늘 2인자였으니 그 심정이야…. 심지어 구석에 처박혀 있던 사근진도 '애견 테마'로 떴다. 하지만 요즘은 인생 폈다. 상황 역전, 인생 역전이다. 인증샷 찍으러 경포 찾으면 하수 취급 받는다. 인증샷 고수들은 일부러 강문으로 향한다. 강문은 경포천의 물줄기가 빠져나가는 강(江)의 문(門)이라는 뜻. 평범한 강문에 인생 역전의 꿈을 실현시킨 건 조형물이다. 해변 곳곳에 사진 찍기 딱 좋은 대형 조형물이 늘어서 있다. 대표적인 게 바다를 향해 훤히 뚫려 있는 액자와 다이아몬드 반지를 본뜬 벤치. 역시나 최고 인기는 동해를 한 폭의 그림처럼 담을 수 있는 이젤이다. 주말에는 이젤 앞에서 사진을 찍기 위해 줄을 서서 기다려야 할 정도. 당연히 삼각대와 셀카봉 준비는 필수다.

인증샷 뒤에는 먹거리. 지척이 초당 순두부길이다. 소금 대신 해수로 간을 맞춘 두부 하나로 전국을 평정한 마을. 면적 2.88㎢에 불과한 이 초당동에 두부 전문 음식점만 21곳이니 말 다했다. 아무 곳이나 들러도 되지만 무조건 맛봐야 할 것은 두부 삼합. 외국인 추천 '강릉 특선음식 10선'에도 든 '핵맛'을 자랑한다. 명불허전 두부에 고소하게 삶은 돼지고기 수육, 마지막 방점은 인근 아바이마을에서 공수한 이북식 젓갈 가자미식해를 곁들인다. 여기에 달달한 정선 옥수수 막걸리 한잔 꿀꺽. 캬.

초당 순두부

맛? 미안하지만 비밀이다.

두부 삼합과 함께 꼭 먹어봐야 할 게 초당두부 밥상. 쟁반에 밥과 두부찌개, 콩비지, 밑반찬(김치, 삭힌 고추, 감자채 나물)이 나온다.

'응팔 인증샷' 강릉 명주동

잊혀 있다가 불쑥 떠버렸다. 조선 시대 강릉 대도호부 관아가 있던 명주동 일대다. 서울에 인사동이 있다면 강릉에는 명주동이 있다. 온 김에 강릉 대도호부 관아부터 들러야 한다. 마치 서울 남산 한옥마을 같은 곳. 조선시대 관공서로 일곱 가지 정사를 다뤘던 칠사당이라는 전각이 핫스폿이니 꼭 찍으실 것. 다음은 명주동 옛 거리로 바로 달리시면 된다. 명주동도 억울하다. 한동안 최고 번화가였다가 2001년 강릉시청이 홍제동으로 이전하면서 쇠락해서다. 그나마 기를 펴기 시작한 건 2016년. 강릉문화재단이 명주동에 터를 잡고 문화 공간을 동네 곳곳에 이식한 이후부터다. 오래된 학교는 전시실이 되고, 옛 교회 건물은 공연장으로 변신한다. 유식한 용어를 끌어다 쓰면 '젠트리피케이션' 같은 것. 그리고 불쑥 떠버렸다. 빈티지한 인증샷 핫스폿으로 무조건 찍어야 하는 최고 명당은 폐방앗간인 '봉봉방앗간' 이다. 금방 으스러질 것 같은 옛 간판이 그대로 걸려 있는 이곳. 아, 들어가면 입 쩍 벌어진다. 커피향 가득한 핸드드립 카페로 둔갑했으니까.

먹방투어는 볼 것 없다. 지척이 중앙시장이다. 강릉에는 반세기가 넘는 역사를 자랑하는 중앙시장과 성남시장 쌍포가 있다. 엄밀히 구분하면 중앙이 성남을 감싸는 모양새인데, 여행자들은 구분하지 않고 그냥 중앙시장이라 부른다. 중앙시장에 약

300개, 성남시장에 약 100개의 점포가 있으니 놀랍다. 꼭 맛봐야 할 게 속초 중앙 시장의 만석닭강정과 자웅을 겨루는 금성닭강정. 여기에 시장 상인들이 은밀하게 가는 25년 전통 보리밥집 '불개미식당'이 있다. 직접 담근 구수한 된장찌개 국물에 쓱쓱 밥 한술 비벼 먹으면, 그야말로 캬. 맛? 역시나 비밀이다. 가보시라.

명주동 100배 즐기는  tip

입담 좋은 명주동 주민이 마을을 직접 안내하며 역사를 들려주는 문화해설 투어가 있다. 최소 3일 전 문화재단에 전화로 예약해야 한다.

강릉 주변 인증샷 버킷리스트

〈도깨비〉 촬영지 **주문진 방사제**	강릉까지 가서 여기 안 가면 참으로 난감하다. 강릉 주문진항과 영진항 중간께 바다 쪽으로 돌출된 작은 둑. 파도에 모래가 쓸려나가는 것을 방지하는 방사제다. 허름한 이곳이 뜬 건 드라마 〈도깨비〉의 영향. 드라마에서 주인공 김신(공유)과 지은탁(김고은)이 만났던 곳이다. 이 방사제에 닿는 333번 해안 순환버스까지 신설됐으니 놀랍다.
수제맥주 **버드나무브루어리**	여행자라면 무조건 일순위로 찾는 수제맥줏집. 강릉 홍제동 버드나무브루어리다. 경기대 평생교육원 양조학교에서 연을 맺은 20·30대 '맥주 덕후' 다섯 명이 의기투합해 만든 곳. 폐업 후 방치됐던 양조장을 120석 규모 맥주 가게로 개조해 대박이 났다. 하루 600명이 찾아와 강릉 물로 빚은 수제맥주를 음미한다.
정동진 레일바이크	정동진역 레일바이크. 줄서서 타야 할 정도로 인기다. 전 구간이 바닷길인 유일한 레일바이크로 보면 된다. 해안옹벽 복구를 마치고 2018년 2월 1일 운행을 재개한 것도 매력. 정동진역, 바다열차, 모래시계공원, 시간박물관, 정동심곡 바다부채길까지 이어지는 바다여행 코스 인증샷 명당.

03
해외를
이
가격에?!

도전!
짠내
해외여행

INTRO

놀라지 마시라. 극강의 짠내투어코스, 해
외편이다. 세상에. 해외여행을 싸게 가는
게 말이 되냐고. 미안하지만 말, 된다. 비
자 값만 5만 원이 넘는 중국을 비자 없이
찍는 꼼수가 있는가 하면 비행기값 들이
지 않고 '원플러스 원', 덤으로 끼워 즐기
는 놀라운 비법도 있다. 한국보다 여행물
가가 싼 유럽도시 특급정보까지 눈 크게
뜨고 확인하시라. 쉿. 우리끼리만 알자.
소문나면 붐비니깐.

무조건 주목!
짠돌이 핫스폿

커피향 가득한 카페에서의 설레는 여행계획. 낭만 해변. 프라이빗 자쿠지가 딸린 여행 숙소. 이런 거 꿈꾸시며 이 장을 열었다면, 덮으시라. 미안하지만 이 장엔 눈 씻고 찾아봐도 이런 거 없다. 살인적인 일정. 엉뚱한 코스. 하지만 놀라운 '쩐'을 하사하는, 짠돌이 핫스폿 되시겠다. 하루짜리 덤 투어에 빡센 일정이면 어떤가. 비행기 값 안 내는데. 당일치기 해외면 어떤가. 왕복 10만 원대에 면세쇼핑까지 할 수 있는 '짠돌지름' 코스인데. 약간 허접하고 불결해도, 한국보다 물가 싼 여행지, 가기만 해도 환율 덕에 오히려 돈 벌어 올 수 있는 환율 핵이득 여행지의 신세계가 이 장에서 펼쳐진다. '짜게' 떠나면서도 낭만과 추억까지 얻는, 짠돌이 여행. 떠나보시라.(환율 2018년 상반기 기준)

✈ 슈퍼 그뤠잇 공짜 덤여행! 스톱오버 여행지

이거 '그뤠잇'이다. 그러니깐, 마트에서 흔히 보는 '1+1(원플러스)' 같은 여행. 덤으로 여행지 하나를 끼워주는 거다. 짠내투어 고수들만 쓴다는 '스톱오버(stopoever, 경유)' 신공이다. 비행기로 여행하는 자 최고의 특권으로 꼽히는 게 스톱오버다. 경유, 단어만 봐도 벌써 귀찮은 느낌이 든다고? 아니다. 경유 이거 의외로 괜찮다. 동선 잘 짜서 볼거리 많고, 가볼 만한 곳 끼워 넣으면 일석이조 투어가 된다. 우선 스톱오버(Stopover) 개념. 특정 도시를 경유하는 항공편을 이용해 최종 목적지에 가기 전, 경유지에서 24시간 이상을 보내는 것을 의미한다. 예컨대, 인천 출발, 홍콩을 경유해 호주를 가는 스톱오버 항공편을 이용한다고 치자. 중간 기착지 홍콩은 그야말로 덤투어가 된다(홍콩 왕복 항공권만 따져도 30~40만 원대다). 그야말로 '꿀이득 그뤠잇'이다.

아, 여기서 잠깐. 꼭 알아둬야 할 게 있다. 스톱오버는 일반적인 환승·경유와는 개념이 다르다는 것. 일반 환승은 경유지에서 1~23시간이라는 비교적 짧은 시간을 보내기 때문이다. 스톱오버가 일반 환승과 또 다른 것 한 가지. 스톱오버는 중간 지점에서 짐(수하물)을 찾아야 한다. 24시간 온전히 공항을 벗어나 제대로 된 투어를 즐긴다는 의미다. 반면 환승은 최종목적지에서 짐을 찾는다. 스톱오버는 항공사별로 조건도 상이하다. 당연히 출발 전 주요사항 체크는 필수. 십중팔구는 무료. 따로 비용을 내거나 비자가 있어야 하는 경우도 있으니 출발 전에 문의만 하면 된다. 잊을 뻔했다. 반드시 항공권 발권 전에 신청해야 한다는 것.

베이징

베이징, 화려하고 거대한 도시

스톱오버 신공을 자유자재로 쓰는 짠내투어 극강의 고수들 사이에 스톱오버 도시 1순위로 꼽히는 곳은 베이징. 덤으로 베이징 여행을 즐길 수 있는 명당이면서 항공권 반값 티케팅 경유 핫스폿으로도 꼽히기 때문이다. 미주, 유럽 등 장거리 노선의 경우, 중국 항공사를 이용할 때 훨씬 더 저렴한 건 이미 상식. 쉽게 말해 인천-파리 왕복 항공권이 200만 원대라면, 중국 베이징이나 상하이 출발로만 바꿔도, 100만 원대로 다녀올 수 있다. 물론 중국까지는 저가항공을 타고 가야한다. 하지만 몸 좀 피곤하면 어떤가. 스톱오버로 베이징도 구경하고, 여행경비도 아껴 볼 수 있으니 일거양득. 화려함의 극치, 자금성과 만리장성, 로맨틱한 스차하이까지.

188

홍콩

게다가 스톱오버 땐 72시간 무비자 여행도 가능하다. 5만 원 남짓 하는 중국 비자 값도 절약할 수 있으니 슈퍼 울트라 그뤠잇. 무비자로 중국 찍고, 72시간 안에 제3국으로 떠나면 끝.

홍콩, 야경도 스톱오버로

두말 필요 없는 홍콩. 꼭 홍콩행 티켓을 끊지 않더라도 스톱오버로 홍콩의 야경을 즐길 수 있다니 놀랍다. 아, 짠내고수들의 알뜰팁 한 가지 더. 아무 항공이나 이용하지 말 것. 홍콩을 거점으로 하는 캐세이퍼시픽(CATHAY PACIPIC), 홍콩익스프레스를 이용할 땐 잊지 말고 스톱오버다. 이게 여행고수들의 여행 공식이다.

189

하노이, 쌀국수 왕창 먹자

쌀국수

다낭 때문에 확 떠버린 베트남. 사실 동남아, 호주 지역으로 여행할 때 싸게 가는 팁 중 하나가 베트남항공 이용이다. 베트남의 경우 특별히 수도인 하노이, 호찌민 두 도시에서 스톱오버가 가능하니 이 역시 외워두실 것. 심지어 베트남은 물가까지 싸다. 오토바이가 많아 시끌벅적 하지만 어딜 가도 맛난 음식과 저렴한 물가가 기다리고 있는 도시가 바로 하노이. 잊지 말고 하노이 스톱오버 만큼은 기억해 두자.

쿠알라룸푸르, 최고층 쌍둥이 덤으로 본다

이름도 낯선 쿠알라룸푸르. 발음도 어려운 말레이시아의 수도 이 도시가 짠내투어 고수들에겐 최고의 경유여행지로 꼽힌다. 딱 24시간에 즐길 '머스트 씨(Must see)' 볼거리는 3곳. 일단 베이스캠프는 공항에서 쿠알라룸푸르 센트럴역

쿠알라룸푸르

(KL Sentral)으로 정한다. 공항에서 버스로는 1시간. 공항철도와 공항버스는 KL 센트럴역이 종착지이자 출발지여서 환승 베이스캠프로는 최적이다. 넘버원 포인트는 쿠알라룸푸르의 인도인 주거지 리틀인디아(Little India). 인도 문화, 인도 맛집이 몰려있는 쿠알라룸푸르 속 미니 인도다. 넘버투 포인트는 센트럴역에서 전철로 닿는 인생샷 포인트 쌍둥이빌딩. 세계에서 가장 높은 쌍둥이로 알려진 페트로나스 트윈타워다. 넘버쓰리 포인트는 트윈타워 뒤편 호수공원. 밤이면 분수 쇼가 펼쳐진다.

싱가포르, 가장 깨끗하고 안전한 곳

껌 잘못 버리면 벌금 100만 원 이상을 물어야 한다는, 치안 좋고 깨끗한 도시 싱가포르. 당연히 스톱오버 여행지로도 인기만점이다. 야경 끝판왕 보트퀴, 클라퀴, 아이들 천국 유니버셜 스튜디오, 멀라이언 파크까지. 아, 먹방투어는 또 어떤

가. 칠리크랩, 카야토스트까지 여성들 취향까지 제대로 저격하는 경유 포인트다. 일단 같이 갈 친구들 먼저 소환. 스톱오버 노하우 공개하시면 "야, 너 여행 도사다"는 칭찬이 덤으로 따라올 터.

두바이, 사막 위에 세워진 꿈의 도시

두바이가 모래 위에 세워진 도시라는 것, 7성급 호텔이 즐비하다는 것쯤은 여행 좀 한다면 누구나 아는 상식. 하지만 이건 잘 모른다. '스톱오버 여행지'로도 유명하다는 것. '꽃할배' 시리즈에서 할배팀, 로마로 향할 때 잠깐 찍고 사막 사파리까지 경유투어를 즐긴 곳이 두바이다. 828m, 한때 세계에서 가장 높은 빌딩으로 불렸던 부르즈 칼리파 전망대 선셋투어는 아직도 1시간 이상씩 줄서서 올라간다. 현장구매 400디르함(12만 원)인데 짠내족이라면 인터넷예매로 일단 가격을 100디르함(3만 원)으로 낮추실 것. 할배들이 분수쇼를 본 포인트, 이서진이 왕족을 만났던 바로 그곳에서 인증샷도 찰칵.

이스탄불, 유럽의 스톱오버는 여기

유럽으로 들어가는 관문, 터키다. 연초면 '다랭이논 온천' 파묵칼레의 아찔한 일출과 카파도키아 열기구 투어로 너무나 유명한 곳 터키. 요즘은 IS 테러 분위기에 휩쓸리면서 다소 불안하긴 하지만 여전히 인기 있는 핫스폿이다. 로맨틱한 동유럽의 정취가 가득한 터키의 이스탄불에서 스톱오버로 총알여행까지 덤으로 즐길 수 있다는데 무조건 달려가시라.

이스탄불

모스크바

모스크바, 한국에서 가장 가까운 유럽

한국에서 비행기로 딱 8시간. 가장 가까운 유럽이 러시아다. 신비로움을 간직한 러시아도 스톱오버 여행지로 꼭 기억해 둬야 한다. 아, 대부분 나라들은 스톱오버 여행이 무료인데 러시아는 다르다. 항공권에 따라 추가 요금을 지불하는 경우가 있다. 꼭 확인하실 것. 붉은광장, 크렘린, 성 바실리 성당 등이 있는 모스크바를 보너스로 볼 수 있다는 데 제대로 찍어보자. 당당하게. 스톱오버로.

194

✈ 알뜰족 주목!
한국보다 물가 싼 유럽 여행지

짠내투어족이라면 틀림없이 비용 많이 드는 유럽 여행에 대해 '스튜핏'을 외칠 터. 하지만 잠깐. 유럽에 대한 가장 흔한 오해 한 가지가 바로 여행 물가다. 물론, 비싸다. 오슬로 같은 곳은 콩알만 한 햄버거 하나에 우리 돈 1만 5,000원이 훌쩍 넘는다. 반면, 정반대인 그뤠잇 포인트도 있다. 물가 오해를 완전히 뒤집어 주는 반전 유럽. 한국보다 물가가 싼 유럽 여행지. 도전해 보시라(물가 2017년 기준).

🔊))) 그뤠잇! 환전법

유럽 여행 시 필수, 화폐 환전. 짠내투어족이라면 가장 신경을 써야할 게 환전이다. 유럽 여행엔 무조건 '통유로' 환전법이다. 한국에서 출발하기 전 각 나라별로 환전을 해 가는 건 스튜핏. 통째 유럽 공통 화폐인 유로로 일단 일괄 바꾼 뒤 떠나는 식이다. 이후 유로를 가지고 다니면서 각 나라를 찍을 때, 그때그때 환전하는 방법이 그뤠잇. 이게 귀국한 뒤 남은 돈 환전에도 짱. 당연히 남은 돈, 유로, 한꺼번에 바꾸시면 끝.

헝가리

유럽에서 가장 핫한 야경을 가지고 있는 헝가리. 이곳 으뜸 여행포인트 1순위는 단연 부다페스트다. 유럽 10개국 이상을 돌아본, 빠꼼이 여행족들 역시 최고의 야경으로 부다페스트를 꼽는 데 주저하지 않는다. 게다가 먹방. 미슐랭 랭킹 레스토랑들까지 빵빵하게 버티고 있다. 아, 이쯤 되면 슬슬 부담이 되실 게다. 살벌한 여행 물가. 절대 겁먹지 마시길. 착하다. 그뤠잇이다. 아찔한 야경 느끼며 와인이나 커피 곁들여도 부담 절대 없다. 중심가에 숙소 잡고 주변 관광지를 하루 한두 곳씩

헝가리 부다페스트

찍어 가면 굿. 저녁에는 야경 크루즈와 성당에서 열리는 연주회를 강추.

헝가리 여행 tip

헝가리화폐는 '포린트'. 1포린트=4.40원(환율 기준) 수준. 숙박비도 저렴하다. 1인당 2인실 5박 비용은 47.8유로(약 5만 원). 맥주 210포린트(925원), 피자 한 조각 225포린트(1,100원), 유명한 잭스버거 990포린트(4,300원). 한마디로 그뤠잇이다.

체코

체코라는 나라 이름보단 '프라하'라는 도시로 더 알려진 나라. 체코인 삶의 중심이 되는 구시가지와 바츨라프 광장, 블타바강을 가로지르는 카렐교, 오랜 역사를 자랑하는 프라하성까지. 도시 전체를 아예 '고색 창연한 박물관'이라 여기면 되는 곳이다. 프라하 여행의 하이라이트는 구시가지 광장. 주변으로 구시청사, 틴성당, 킨스키 궁전, 성 니콜라스 성당, 얀후스 기념비 등 인증샷 포인트가 빼곡하게 들어차 있다. 아, 이곳 최고의 SNS 인증샷 포인트는 구시청사의 시계탑. 매시 정각, 시계바늘 윗부분에 있는 창문이 열리면서 그리스도의 12사도를 본뜬 인형이 차례로 나왔다가 사라지는 구조다. 블타바강이 흐르는 카렐교의 눈부신 야경과 함

체코 구시가지

께 프라하성 투어도 잊지마실 것. 매일 정오에 열리는 위병식, 머스트 씨 포인트다. 유럽의 특징은 브랜드있는 호텔 체인이라도 시설이 노화돼 있다는 것. 굳이 비싼 돈 주고 브랜드 체인호텔에 묵는 건 스튜핏이다. 숙소는 믹스 도미토리. 2만 원 안 팎이면 충분하다. 분위기 좋은 레스토랑에서 치킨윙과 코젤을 곁들여 근사하게 한 끼를 먹어도 1만 원선. 저렴하고 맛있는 길거리 간식들도 널려 있으니 식비 걱정도 붙들어 매시라. 체코까지 와서 수제맥주가 빠질 수 없을 터. 한마디로 수제맥주 그 뤠잇이다. 맥주, 특히 저렴한데 500㎖ 한 잔에 2,000원선. 콜라나 물 한 잔보다 싸 니 물 대신 맥주, 도전해 보실 것. 아, 지나친 음주는 절대 금지.

체코 여행 

체코에선 '코루나'를 쓴다. 1코루나=50원 선. 일반적인 여행 생필품 리스트다. 맥주 한 병 15코루나(750원), 와인 한 병 100코루나(5,000원), 물 500㎖ 10코루나(500원). 착하고도 놀랍다.

불가리아

유럽의 숨겨진 여행지 '불가리아'. 유럽인들에겐 유명하지만 우리 국민에겐 낯선 여행지. 사실 동유럽을 대표하는 꽃 여행지가 불가리아다. 애칭부터 끝내준다. '장미의 나라'. 아닌 게 아니라 나라 전체가 장미판이다. 전 세계 로즈 오일의 절반 이상을 만드는 곳도 다름 아닌 이곳. 불가리아 카잔루크(Kazanluk)에선 매년 봄 향기로운 장미 축제가 열린다. 비토사산에 위치한 보야나 교회, 불가리아 정교회 수도원인 릴라수도원, 불가리아의 가장 작은 도시이자 피린산맥의 모래절벽으로 둘러싸인 와인마을 멜닉, 온천도시로 유명한 산단스키까지 주요 포인트들도 다 찍어보실 것. 장수의 나라, 요구르트의 나라 불가리아의 진면목을 알게 될 테니깐.

불가리아 벨로그라드칙

불가리아 여행 

유로화를 쓰지 않는다. 화폐는 레바. 1유로=1.96레바(고정 환율제). 유로화와 같이 오르내린다. 주요 여행물가 리스트는 이렇다. 2ℓ 코카콜라 2레바(1,200원), 피자 · 케밥 1.5~2.5레바(800~1,200원), 빅맥 3레바(2,000원), 로컬 음식점 메인메뉴 10~14레바(6,000원). 세상에. 빅맥 2000원, 빅맥 그웨잇이다.

불가리아 해안

터키

지구 같지 않은 여행지 터키. EU 소속은 아니지만 유럽 국가로 포함돼 있다는 건 상식이다. 스타워즈의 배경이 된 곳 중 하나일 정도로 이국적인 느낌과 특색이 분명한 곳. 가파도키아의 '버섯 바위'를 보며 열기구 투어하는 게 전 세계 여행족들의 버킷리스트 0순위라는 것쯤도 알고 계실 게다. 연말연초에는 계단식 논처럼 구성된 온천 파묵칼레는 해맞이, 해돋이로 정평이 나 있다. 2016년부터는 테러 위협으로 좀 불안하다. 여행 전에 안전 정보 꼭 확인하고 가실 것.

터키 여행 🫖

화폐는 리라다. 1리라=400원. '드럼과 랩'이라는 케밥 같은 음식은 우리 돈으로 1,500~2,000원 정도. 나머지 음식들도 착하다. 애플티 1.5리라(600원), 스타벅스 캐러멜 마끼아또 7.5리라(3,700원). 물 값 제일 싼 게 0.25~1리라. 과자나 주전부리 역시 한국보다 저렴하다. 유명한 기념품인 스카프는 7~20리라(1만 원 아래) 수준.

크로아티아

동화 속 나라 '크로아티아'. 아드리아해를 사이에 두고 이탈리아와 마주보고 있는 곳이다. 로마제국과 비잔틴제국을 거치며 중세 시대의 유적을 지금까지 잘 보존하고 있어 관광객들의 발길이 끊이지 않는 지역. 좌우로 뒤집힌 '7자' 지형 덕분에 서쪽으로는 해안의 풍광이 길게 이어지고, 내륙으로 깊숙이 들어간 동부에는 드넓은 평원이 드러난다. 아찔한 대비다. 0순위 여행 포인트는 아드리아해의 숨겨진 지상낙원이라는 찬사를 받는 '두브로브니크'. 크로아티아의 남쪽 어귀 해변이다. 케이블카를 타고 스르지산에 오르면 옅은 적갈색 지붕으로 통일된 시가지를 한눈에 내려다볼 수 있다. 두브로브니크에서 유서 깊은 성벽을 직접 둘러보기도 하고 유람선을 타고 바다에서 아드리아해의 바람을 느껴보는 것도 색다른 경험. 잊을 뻔 했

크로아티아 두브로브니크

다. 세계 최초 파도의 힘으로 연주되는 바다 오르간이 있는 곳 자다르. 이곳만큼은
꼭 찍고 오자.

화폐는 쿠나. 1쿠나 200원. 물 1ℓ 5.99쿠나(1,200원), 우유 1ℓ 5.99쿠나(1,200원), 병맥주 5.99쿠나(1,200원), 큰 조각 피자 15쿠나(3,000원), 아메리카노 10쿠나(2,000원). 시즌과 도시별로 물가가 조금 다르긴 하지만 저렴한 곳.

✈ 하루 3만 원이면 충분한 물가 핵저렴 나라

더도 말고 덜도 말고 하루 딱 3만 원. 영수증에 딱 3만 원 찍고 하루 투어가
가능한 나라가 있다. 정말이지 슈퍼 그뤠잇을 수십 번 외칠만한 곳. 하루 3만 원으
로 여행할 수 있는 물가 싼 나라. 이거 끝내준다. 돈 없어서 여행 못 간다는 것, 말
짱 핑계다. (숙박, 식사, 입장료 포함 가격. 단, 항공권은 제외)

라오스

예능 프로그램 〈꽃 청춘〉하면 떠오르는 나라 라오스. 한국의 전라도 한적한 시
골 같은 비엔티안을 시작으로 아시아에서 가장 평화로운 곳, 루앙프라방까지 찍다보
면 그뤠잇한 물가와 소박한 풍경의 매력에 흠뻑 빠져든다. 방비엥 1일 투어는 단돈 1
만 원대. 우리에게도 익숙한 블루라군과 카약킹, 튜빙을 포함한 투어는 1박 2일일 경
우 2만 원대면 가능하다. 심지어 점심 포함. 식비 따로 들일 필요도 없다. 그뤠잇한 건

라오스 풍경

여기서 그치지 않는다. 한국에선 비싸서 손가락만 빨며 바라볼 상큼달달 망고, 라오스에선 무려 1kg에 2,000원 안팎. 심지어, 피곤할 때 찾게 되는 로컬 마사지는 1만 원이면 충분하다. 도미토리 게스트하우스는 잘 찾으면 1만 원대. 더블베드가 있는 게스트하우스, 이것 역시 잘 고르면 2인실에 20달러 선이니 말 다했다.

라오스 여행 

화폐는 킵. 방비엥 1일 투어(10만 킵) 한국 돈으로는 1만 원대다. 음식도 착하다. 라오비어 1병은 1만 킵. 한국 돈 2,000원 수준. 망고 1kg 1만 5,000킵이니 2,000원 남짓.

볼리비아

여행 좀 한다치면 누구나 버킷리스트 Top 5에 올리는 인생샷 명소 우유니 사막. 파스텔 톤 파랑과 하양의 아찔한 대비를 카메라에 담을 수 있는 명소 우유니 사막이 있는 곳이 남미, 하고도 볼리비아다. 짠내족에겐 그야말로 슈퍼 그뤠잇한

불가리아 우유니 사막

동네다. 물가 싸기로 둘째가라면 서러우니깐. 1만 원대면 넉넉한 도미토리나 1인실 호스텔에 묵을 수 있다. 식사 역시 1만 원 이하. 허리띠 좀 졸라매면 1,500원에서 6,000원이면 해결이다. 조금 더 단가를 올려볼까. 2만 원대면 수영장 딸린 정원에, 에어컨 종일 쏟아져 나오는 럭셔리 호텔에서 잔다. 볼리비아를 찾는 세계 짠내 투어족의 하루 평균 예산이 하루 3~4만 원 선이니 말 다했다. 사실 남미 여행은 하루가 넘는 비행시간 탓에 장기로 잡는다. 당연히 유일무이 거품 쏙 빠진 볼리비아는 여행족들에겐 천국이나 다름없을 터. 아, 예외는 있다. 역시나 하이라이트로 꼽히는 '우유니 사막투어'. 150~200달러 선이다. 하지만 나머지 액티비티, 그뤠잇이다. 코파카바나와 태양의 섬을 둘러보는 당일치기 왕복 보트투어의 경우 30볼(5,000원 내외) 수준. 짠내족의 천국, 맞다.

볼리비아 여행 tip

화폐는 볼. 음식 엠파나다(4볼)는 우리 돈 1,000원대. 바나나 1개(1볼)라 해봐야 500원도 안한다. 망고셰이크(5볼, 1,000원) 스파게티(35볼, 7,000~8,000원 선). 숙박은 한술 더 뜬다. 20인실 라파즈 어드벤처 브류스는 50볼. 1만 원도 안한다.

베트남

쌀국수의 나라 베트남. 물가만 싼 게 아니다. 일단 파격 항공권. 비엣젯항공과 같은 국적 저가항공사를 이용하면 언제든 20만 원 내외로 떠난다. 인근 명소 호안끼엠 호수 근처의 도미토리는 1만 원대. 3성급 호텔은 2~3만 원(동행과 N분의 1로 나누면 1만 원)이면 된다. 포차에서 즐기는 꼭 맛봐야 할 길거리 쌀국수라 해봐야 3,000~4,000원대.

하노이나 호찌민를 벗어나면 더 그뤠잇해진다. 북쪽 마을 '사파'란 곳에선 베트남 소수민족 몽족이 사는 마을과 폭포를 둘러보기 위해 우리나라 제주도처럼 주로 오토바이를 렌트해 다니는데 하루 대여비, 기름 값까지 3,000~4,000원이면 끝. 몽족이 사는 전통가옥 스테이도 슈퍼 그뤠잇이다.

베트남 여행 tip

화폐는 동을 쓴다. 숙박은 하노이 백팩커스 도미토리 룸 15만 동. 먹거리 분짜닥킴 분짜는 9만 동. 우리 돈 5,000원대다. 하이랜드 커피+케이크 합쳐봐야 8만 4,000동. 우리나라 스타벅스 커피 한 잔 값이면 충분하다. 생수는 7,000동 수준. 500원도 안한다. 교통편 오토바이 하루 대여비는 4만 5,000동.

태국

요즘은 1박 2일로도 찍고 오는 여행지 태국도 그뤠잇이다. 방콕의 카오산로드 옆 골목, 람부뜨리 로드의 게스트하우스는 1만 원대. 수영장이 딸린 싱글룸의 호텔은 2~3만 원이면 가능하다. 태국에서 럭셔리한 먹거리 찾으면 스튜핏이다. 국민셰프 백종원도 엄지척 할 로컬푸드가 줄줄이다. 길거리에서 즐기는 팟타이에 달달한 로티를 곁들이면 한 끼 식사로 딱. 맛집으로 소문난 팁사마이의 팟타이는 5,000원도 안한다. 유유자적 시간을 보내기 좋은 북쪽의 치앙마이 혹은 치앙라이, 빠이로 향한다면 하루 3만 원 정도에 여행의 여유를 제대로 느끼고 돌아올 수 있다. 오토바이를 렌트해 직접 돌아다녀도 되고, 개조 운송수단인 '뚝뚝'을 대절해 치앙마이의 도이수탭 사원과 같은 명소를 찾아다니는 것도 강추. 캐주얼 카페들이 많은 치앙마이 님만해민의 한 곳에 자리를 잡고, 망고주스 한 잔 마시면 그야말로 유럽, 부럽지 않다.

누구나 아는 바트가 현지 화폐. 숙박은 방콕 홍익인간 도미토리 300바트선. 알뜰 먹거리도 많다. 방콕 팁사마이 팟타이는 80바트, 우리 돈 4,000원 선이다. 20~30바트 선인 그뤠잇 커피도 기본. 망고스틴 2kg를 담아도 4,000원이면 충분하다.

이집트

피라미드가 미스터리한 것처럼 이집트 물가도 미스터리다. 로컬식당에서 즐기는 이집트 음식 '코샤리'는 한국 김밥보다 싼 1,000원 수준. 느긋한 브런치로 즐

이집트 피라미드

기는 비프 샌드위치와 주스 1잔은 3,000원이면 된다. 한국인이 주로 간다는 도미토리 게스트하우스는 2~3만 원선. 아, 그렇다고 방심은 금물이다. 식당에서 영어버전의 메뉴판이 아랍어 버전보다 2~3배 비싼 꼼수 레스토랑들이 있을 수 있으니 꼭 주문 전에 체크하실 것. 물론 유명한 여행지 버킷리스트는 예외다. 인증샷 포인트 유적지가 몰려있는 이집트의 아부심벨이나 카이로박물관 같은 곳의 입장료는 최대 1만 원까지 올라간다.

이집트 여행 tip

화폐는 파운드다. 숙박은 오아시스 호텔(더블베드, 40파운드), 우리 돈 1만 원도 안한다. 다이어트 족들도 허리띠 풀고 먹는다는 이집트 대표음식 파스타 코사리는 5파운드선. 그러니깐 1,000원이면 된다. 버킷리스트 액티비티 피라미드 낙타투어는 70파운드선.

✈ 여행고수들만 몰래 즐기는
반나절 공짜 시티투어

가끔 그런 때가 있다. 경유지로 돼 있는 공항. 시간이 남아돌 때, 진짜 '킬링타임(Killing Time)'을 해야 할 때다. 막막하다. 쇼핑해봐야 1시간이면 물린다. 이럴 때 요긴한 게 있다. 바로 공항 출발 시티투어버스. 가만히 버스에 앉아만 있어도 인근 여행 핫스폿을 다 찍어주니 끝내준다. 더 놀라운 건, 이게 공짜라는 것. 짠내투어 고수들을 위한 경유지 핫스폿 공항에만 숨어 있는 공짜 시티투어 서비스 200% 활용법이다.

총알투어 카타르 도하

카타르 도하부터 간다. '도하를 왜 가?' 하시는 분들, 여행하수다. 응당, 짠내족이라 자부한다면, 브라질 등 남미로 향할 때, 미국을 거쳐 가는 코스보다 카타르 도하를 찍고 날아가는 루트를 찍어야 한다. 카타르항공이 한국에 취항하면서 거품 쏙 뺀 가격에 운항을 한다.

이 공항에 숨은 보물이 카타르항공과 카타르관광청이 공동으로 선보이고 있는 무료 시티투어버스다. 도하 국제공항 환승 시간이 5시간 이상, 12시간 미만인 여행객이면 누구나 이용할 수 있다. 방법도 쉽다. 공항 내에 위치한 도하 시티투어 카운터에 신청만 하면 끝. 매일 오전 8시와 10시, 오후 1시와 7시 30분에 각각 출발이다. 투어시간이라 해 봐야 대략 3시간 정도. 캬, 정말이지, 총알투어다. 코스도 알짜다. 도하 시내 랜드마크 여행지만 골라서 돌아본다. 아, 주의 사항 한 가지. 공짜

카타르 도하 사막사파리

고, 알짜다보니 매번 경쟁률, 장난이 아니다. 선착순 26명으로 인원 제한이 있다는 것, 기억해두실 것.

공짜 반나절 투어, 타이베이

타이베이에도 공짜 시티투어버스가 있다. 아예 투어 이름에 '공짜'를 새겨 넣었으니 그뤠잇이다. 이름하여 '무료 반일 투어(Free Half-day Tour)'. 대만 교통부 관광국이 제공하는 관광 서비스이니 믿고 이용하면 된다. 이용 조건은 이렇다. 타이베이 관문인 타오위안(桃園) 공항에서 7~24시간 체류할 것. 신청 방법도 간단하다. 공항 입국장 여행자 서비스센터로 향하면 끝.

타이베이 시티투어는 반나절 코스인 만큼 오전, 오후로 나뉘어 출발한다. 먼저 모닝커피처럼 향긋한 모닝투어. 제1·2 터미널에서 돌아가며 시작한다. 오전 8시(제

싱가포르 야경

2터미널) · 8시 15분(제1터미널) 출발시각을 꼭 알아두실 것. 비행편 놓치지 않으려면 돌아오는 컴백 시간도 외워둬야 한다. 모닝투어 컴백 시간은 오후 1시 정각. '애프터눈 투어'는 오후 시간대, 킬링타임을 하기엔 딱. 심지어 보너스도 있다. 컴백 시간이 딱 해가 지는 선셋 무렵이라는 것. 운치, 2배다. 오후 1시 30분(제2터미널) · 1시 45분(제1터미널)에 시작해 오후 6시 30분에 끝. 공짜에, 이렇게 멋진 시티투어다보니, 당연히 경쟁률 바늘구멍 통과하기다. 역시나 선착순이다. 매회 18명까지 인원 제한을 둔다. 아, 기억할 팁 하나 더. 버스 안에는 수납공간이 없다. 손가방 외에 모든 짐은 공항 내 수하물 서비스 카운터에 맡겨놓으실 것. 빈 손으로 가볍게 즐기는 공짜 총알투어라니, 끝내준다.

공짜 시티투어의 메카, 창이

세계 최고의 공항 Top 3에 항상 오르는 곳, 싱가포르 창이다. 그러니 공짜 시티투어버스, 없을 리 없다. 창이국제공항에서 5시간 30분 이상 머무르는 환승객은 누구나 이 공짜 투어에 참여할 수 있다. 그렇다면 어디서 신청할까. 창이공항은 넓어서 늘 문제다. 신청창구, 이거 외워두지 않으면 찾기가 하늘의 별따기다. 신청 포인트는 창이국제공항 제2·3터미널에 마련돼 있는 '싱가포르 투어 신청 부스'.
당연히 여권은 필수 지참. 여기에 보딩패스도 가져야 한다. 참가를 원하는 투어 시작 1시간 전까지 신청이니 역시나 서두르실 것. 아, 여기에 우리 짠내투어 독자들만을 위한 꿀팁 하나 더. 싱가포르 창이공힝은 거의 유일무이하게 사전 예약이 된다. 싱가포르항공 사무소를 통해 사전 예약을 해 두면 편리하게 이용할 수 있다.
코스도 입맛대로다. 우선 싱가포르의 유적을 콕콕 찍어주는 '해리티지 투어'. 머라이언 파크와 차이나타운 혹은 리틀 인디아를 방문해 싱가포르의 역사와 문화를 체험하는 프로그램이다. 오전과 오후 각각 2번씩(오전 9시와 11시 30분·오후 2시 30분과 4시) 출발이다.

가장 인기 있는 코스는 밤에 즐기는 야경 투어, '시티 라이트 투어(City Lights Tour)'다. 마리나베이 워터 프런트 프로어네이드, 부기스 빌리지 등을 돌아보는 꽉 찬 코스다. 오후 6시 30분·7시에 출발. 투어 시간은 약 2시간 30분이다. 수십만 원짜리 시티투어, 부럽지 않은 황금 루트다.

✈ 지금 떠나라! 여행도 하고 돈도 벌고, 환율 핵이득 여행지

짠내투어의 시작은 환전이다. 그놈의 환전 수수료, 몇 푼 아끼려고 서울역 명동 거리를 배회하고 다닌다는 것 다 안다. 이런 게 나무만 보고 숲을 보지 못하는 짠내 초급 단계다. 자, 그렇다면 숲을 보는 짠내고수의 경지는? 간단하다. 그냥 여행만 가도 원화 대비 외화 환율의 움직임에 따라 '환율 핵이득' 볼 수 있는 여행 포인트를 찍는 거다. 아, 우선 환율 확인하는 기본 팁부터 알고 가자. 네이버 환율 정보(info.finance.naver.com/marketindex) 코너다. 요즘은 나라 이름과 환율만 검색창에 쳐도, 우측 귀퉁이에 자동적으로 빨간색 원화가격(실시간 원화가격)이 뜬다. 아, 여기에 더해서. 이 책 Tour 2 부분에 환율 관련 내용, 기억하시라. (2018년 1분기 기준)

영국 스톤헨지

지금 꼭 찍어야 하는 영국

머스트 씨 0순위로 꼽히는 영국. 이유는 아실 게다. 2016년 세계 금융시장을 뒤흔든 브렉시트(유럽연합 탈퇴) 이후 덤으로 '환율의 메리트'가 가세한 탓이다. 무조건 찍어야 하는 포인트로 떠오른 코스는 '세익스피어 투어'. 영국이 낳은 세계 최고 극작가 셰익스피어 타계 400주년을 지나면서 스트랫퍼드 어폰 에이번의 셰익스피어 생가투어, 런던 템스 강변의 역사적 포인트 글로브 극장 찍기 등 그의 발길을 찾아가는 다양한 여행 루트가 인기다. 뭐니 뭐니 해도 중요한 건 환율. 2016년 연중 최고치 1,885원을 찍은 뒤 2017년 1,700대도 무너졌고 지금은 파운드화가 1,400원대에 형성돼 있다. 2년 전과 비교하면 앉은 자리에서 20%대 할인, 바로

214

폴란드 고성

먹고 들어가는 거다. 막상 영국으로 떠나려니 완전 '헬' 같은 물가 때문에 망설였던 분. 지금 떠나시라.

물가에, 환율에 '두 마리 토끼' 폴란드

영국에 셰익스피어가 있다면 폴란드엔 쇼팽이 있다. 폴란드 수도 바르샤바. 쇼팽이 조국을 떠나기 전까지 살던 도시. 젤라조바 볼라에서 태어난 쇼팽은 그 해 바르샤바로 이동했다. 잠코비 광장, 쇼팽의 심장이 묻혀 있는 성 십자가 성당까지. 줄줄이 그의 흔적이 남아 있다. 당연히 이 도시를 여행할 땐 이어폰 끼고 이 음악을 들어야 한다. 그가 20세에 작곡한 'e단조 협주곡'. 1830년 10월 11일 바르샤바 국

215

립극장에서 20세기의 쇼팽은 "죽기 위해 떠나는 것 같다"는 말을 남기며 조국에서 마지막 연주회를 가진다. 그때 나온 환상의 곡이 피아노 협주곡 제1번 e 단조 Op. 11이다. 아, 쇼팽의 이 피아노 협주곡만큼이나 몽환적인 게 환율. 폴란드 화폐 즈워티의 2016년 연중 최고치가 '1즈워티=325원'이었는데 현재 290원과 300원대를 오르내리고 있다. 특히 폴란드항공이 인천에 바르샤바 직항노선을 최근 오픈하면서 접근성도 그뤠잇이다.

환율 최저점 찍고 있는 인도

여행족에겐 위험하니 일단 신중해야 할 인도 여행. 호불호가 갈리긴 해도 까짓것 한 번 사는 인생, 새로운 인생의 맛을 느낄 수 있다는데 꼭 버킷리스트에 넣어두어야 할 곳이다. 안전을 원한다면 볼 것 없다. 기차 여행. 다양한 테마열차에 럭셔리까지 기차 여행의 메카가 놀랍게도 인도다. 인도 철도 기네스급이다. 전체 길

인도 타지마할

이만 10만㎞가 넘는다. 인도 국영철도회사가 소유한 객차만 무려 23만 량. 8,300 량의 기관차가 매일 1만 9,000회 이상을 달린다. 버킷리스트 1순위는 '데칸 오디세이(Deccan Odyssey)'. 마하라슈트라주를 가로질러 고아주를 찍고, 유네스코 세계유산인 아잔타와 엘로라석굴 등 인도의 명소들을 다 찍는다. 각 객차마다 개인 발렛이 딸린 것도 매력. 바닥은 전체가 푹신푹신한 카펫이다. 2개의 프레지덴셜 스위트룸과 2개의 식당차, 밤에는 댄스 플로어로 변신하는 콘퍼런스 객차, 사이버 카페, 심지어 미니 헬스클럽과 스파 객차도 있다. 데칸 오디세이보다 환상인 건 환율. 2016년 1루피가 최고 18.36원을 찍은 뒤 줄줄이 하락세다. 2018년 초인 지금은 16원대. 그거 아시죠? 두 명이 스테이크랑 파스타, 병맥주 2병을 먹어도 1만 원 안쪽. 핵저렴 물가에 환율까지 떨어졌으니, 잴 것 없다.

20% 바겐세일 중인 러시아

가깝지만 먼 나라 러시아. 이 표현이 딱 맞다. 사실 러시아는 가장 가까운 유럽이다. 편도 비행기로 8시간 남짓. 짧고 굵은 코스로 딱이다. 스톱오버를 잘 활용하면 모스크바를 통해 공짜 투어까지 가능하니 꼭 버킷리스트에 넣어두시길. 붉은 광장, 크렘린 쯤은 실물로 꼭 확인해 봐야 한다. 필자처럼 '아재'들에겐 게임 테트리스로 익숙한 '성 바실리 성당'도 머스트 씨 포인트. 운 좋으실 땐 러시아 현지민들도 줄서서 본다는 '레닌 묘'도 볼 수 있다. 지금도 벌떡 일어날 듯 잘 박제된 레닌 앞에선 탄성이 절로 나온다. 역시나 가장 매력적인 건 환율. 2016년만해도 연중 1루블 최고점이 22.15원 수준이었는데, 2018년 18원대로 내려앉아있다. 가장 높을 때보다 20% 이상 싸졌으니 그냥 가도 자동으로 20% 먹고 들어간다.

저렴하고 또 저렴한 중국

환율 따지지 않더라도 저렴하고 또 저렴한 중국. 어딘들 안 좋으랴. 특히나 요즘 항공권 덤핑이 낮은 곳이 칭다오다. 비행기로는 2시간, 심지어 고속선으로도 가볍게 찍고 오는 곳. '양꼬치 & 칭다오'라는 유행어 덕에 더 떠버렸으니 짠내족에겐 딱이다. 청양세기 공원, 5·4광장, 칭다오시 박물관, 해변조각공원, 팔대관, 잔교(차창), 피차이위안, 지모루시장 등 곳곳에 볼거리 천지. 환율 점검도 해볼까. 1~2년 전만해도 중국 환율은 연중 1위안이 최고 189원~최저 172원 밴드 사이에서 움직였다. 지금은? 160원대 초반. 특별 찬스다. 심지어 중국 동방항공 같은 저가항공을 이용하면 티켓값도 왕복 20만 원에 땡. 볼 것 없다. 마실 나가듯 다녀오시라.

중국 만리장성

망고 성애자들은 필리핀

　사실 선뜻 떠나기엔 불안할 수밖에 없는 필리핀. 하지만 안전한 포인트는 있다. 대표적인 게 보홀섬. 필리핀항공에서 최근 직항까지 뚫었으니 접근성 역시 그뤠잇이다. 삼각 초콜릿 키세스 모양 오름으로 너무나 유명한 보홀섬. 보홀뿐 아니다. 외교통상부 안전사이트(0404.go.kr)에서 도시별 안전도만 점검하고 떠나면 흥미로운 휴양여행을 즐길 수 있다. 보라카이 등 주변 섬만 7,000개에 달하니깐. 2년 전 최고치 26원을 찍은 필리핀 환율(페소) 2018년 1분기인 지금은 21원대로 20원 붕괴 직전까지 내려앉아 있다. 아, 특히나 망고 '성애자'분들. 필리핀이 망고는 레알 거저 수준이라는 것. 망고 단어만 입어 올려도 벌써 군침이 줄줄이다. 침 흐를까봐 여기까지.

필리핀 방카

10만 원대 해외여행?
바닷길로 가는 일본 소도시

엔화 900원 시대. 정말이지 '제주보다 싼 일본'이다. 여기에 짠내투어족을 위한 알뜰 팁 하나를 더 드려 쐐기를 박아드린다. 슈퍼 그뤠잇한 '핵가성비' 일본 여행 노하우. 그러니깐, 왕복 교통편 비용이 10만 원대다. 물론 몸은 좀 피곤하다. 하늘길 아닌 바닷길로 떠나는 일본 소도시 투어코스니깐. 몸 좀 피곤하면 어떤가. 싸다는데.

그뤠잇! 바닷길 여행 매력포인트

- **총알 왕복**

  하늘길 2~3시간. 바닷길은 2배, 3배 이상 걸리는 것 아니냐고? 천만에, 만만에다. 제트포일선이라는 고속선(일부 지역은 크루즈)을 타고 가니, 소요시간, 하늘길과 맞먹기도 한다. 요즘 당일로도 찍고 오는 대마도는 안막히면(?) 편도 100분에 찍는다.

- **수하물 무게제한 그뤠잇**

  수하물 무게 제약이 거의 없다고 봐도 무방. 배편은 기본이 20㎏다. 오버차지 요금도 몇 천 원대면 끝.

- **액체류 NO?**

  액체류 YES다. 편하게 들고 타시라.

- **가격이 불안한데?**

  초저렴이다. 대마도 당일치기는 주중 고속선(코비 or 비틀)의 경우 왕복 5~8만 원대. 항공편의 3분의 1 수준이다.

- **그 외 보너스**

  하늘에는 절대 없는 배만의 다양한 이벤트. 천만 불 주고도 못사는 갑판 위 황홀한 바람!

남쪽나라 규슈의 중심, 후쿠오카

대마도를 제외하고 일본의 큰 4개 섬 중 가장 한국과 가까운 곳이 바로 규

슈. 그중에서도 가장 가까운 도시가 바로 후쿠오카다. 돈코쓰라멘의 고장으로 이미 정평이 난 곳. 얼큰한 라멘 만큼이나 뜨끈뜨끈한 온천마을 '유후인'도 이곳에 몰려 있다. 멀리 가지 않아도 아기자기한 일본 시골마을 분위기를 그대로 느낄 수 있어 더 매력적인 곳. 물론 저가항공으로 편히 가는 방법도 있다. 왕복 티켓 값이라 해 봐야 비성수기 20만 원대. 몸 좀 편하자고 짠내족, 흔들려서는 안 된다. 왜냐? 배로 가면 왕복 9만 원대 수준이니깐. 방법도 쉽다. 부산국제여객터미널에서 후쿠오카행 배에 오르면 끝. 카멜리아호와 비틀호(카멜리아호 8시간 소요, 비틀호 약 3시간 소요, 두 배 모두 매일 운항)가 버티고 있으니 입맛에 맞는 것으로 골라 예매하시면 끝.

오사카 디저트 카스테라

또 가도 좋다. 활기찬 오사카

먹방의 성지 오사카. 기찬 분위기와 다양한 먹을거리, 편리한 교통에 한국인들도 많아서 나 혼자 여행, 첫 해외여행으로 부담 없이 가기 좋은 곳이다. 글리코상과 함께 사진도 찍고 맛있는 스시, 라멘도 만날 수 있으니 지루할 틈도 없다. 당연히 일반 여행족이라면 비행기로 갈 텐데, 하실 터. 하지만 오사카도 바닷길로 찍는다. 당연히 반값. 오사카까지는 부산에서 주 3회 뜨는, 팬스타가 움직인다. 아쉬운 점 하나는 저렴한 대신 소요시간이 꽤나 길다는 것. 19시간 정도다. 하지만 밤에 대자로 누워 잘 수가 있다. 좀 지루하면 어떤가. 싸다는데.

회 꿀맛! 시모노세키

후쿠오카가 있는 규슈와 혼슈 사이. 일본 서남부 교통의 중심 '시모노세키'가 둥지를 트고 있다. 싱싱한 해산물을 좋아하시는 분들이라면 무조건 가봐야 하는 일본 도시 버킷리스트 0순위로 꼽히는 곳. 가라토 시장에서 먹는 싱싱한 회에, 그중에서도 특히 유명한 복어까지 '회 덕후'들은 도착하는 순간, 무장해제다. 예부터 항구가 잘 발달돼 있다 보니 일본에 처음으로 바나나가 들어온 곳도 여기. 역시나 소

시모노세키 간몬교

요 시간이 다소 부담이다. 고속선이나 쾌속선이 아닌, 느림보 여객선이 움직이다 보니 11시간이 소요된다. 아, 여기까지 읽고 그 봐, 비행기지 하실 분들 잠깐. 배 안에 면세점, 목욕탕, 편의점까지 없는 게 없다. 부산에서 운치 있게 저녁에 배를 타면 다음날 아침 일찍 도착. 그러니깐, 잠은 바다에서, 아침밥은 일본에서. 오호. 패턴도 그뤠잇이다.

'청량청량' 일본 소도시, 돗토리

일본의 사하라 돗토리. 일본 최대의 사구(사막의 모래언덕)로 유명한 소도시

돗토리현 사구

가 돗토리다. 부산항이 아니라 동해항 출발이다. 항구가 있는 사카이미나토는 요괴마을로도 유명한 곳. 유명 요괴만화의 작가가 이곳 출신이다. 돗토리와 함께 인근 도시인 시마네현(항구에서 지척)도 보너스로 찍을 수 있다. 바닷길 요금은 대부분 요일에 상관없이 고정돼 있다. 동해항에서 출발해 돗토리로 가는 이코노미 클래스는 19만 5,000원 선(왕복요금). 여기에 어린이는 50%, 학생은 20%(대학생, 증명서 지참) 할인이 들어간다. 역시나 동해 출발은 저녁. 저녁 6시에 탑승하면, 눈을 번쩍 뜨게 되는 다음날 아침 9시, 돗토리의 세상이 열린다.

해외도 총알!
1박이면 충분하다

① 당일치기 해외여행

② 왕복 교통편 10만 원 미만 해외

③ 걸어서 다 도는 뚜벅이 여행지

④ 하루면 다 보는 일일 여행지

자, 이 장에 들어가기에 앞서 퀴즈. 위, 네 가지 여행을 잘 보시라. 과연 이런 여행이 가능할까? 가능하다. 그것도 누구나, 초저렴 알뜰 비용으로 즐길 수 있다. 글을 쓰면서도 연신 '그뤠잇'을 외치고마는(자화자찬 좀 해도 된다는 생각이다) 놀라운 코스들. 까짓 거, 방출해 드린다. 역시나 이 장만 잘 봐도 책값 본전은 뽑는다. 건투를 빈다.

월차도 안 쓰고 가는
무박 해외여행

일단 비용 '그뤠잇'이다. 일정은 '슈퍼 그뤠잇'이다. 극강의 초저가, 여기에 주말 월차 안 쓰고도, 마치 지방 다녀오듯 해외를 찍고 온다면 믿어지시는가. 지금부터 간다. 상상초월 무박 해외여행 코스. 여행 고수들 사이에 핫한 '방콕 무박'에 대마도 당일치기까지, 정말이지 총알여행이다. 이번 주말 약속 없으시다고? 심심하시다고? 그렇다면 외치시라. 우리 심심한데, 해외나 찍고 올까 하고 말이다.

30만 원대 방콕 무박 도전, '에어아시아 신공'

당일치기, 물론 가능한 곳 많다. 일본쯤은 껌이다. 당일치기로 고속선(편도 100분)을 타고 오가는 대마도 외에, 웬만한 곳들은 비행기 왕복이 된다. 그런데 방콕 당일치기라니. 여행고수들, 그것도 비행기 구석구석을 가장 잘 안다는 승무원들 사이에 가장 핫한 코스가 방콕, 그것도 당일치기다. 혹시 천문학적인 왕복 비용이 드는 것 아니냐고? 천만에다. 왕복 비행기편, 심지어 저가항공(에어아시아) 왕복이다. 이름하여 '에어아시아 신공'이라 불리는 이 코스, 핵심은 비행기편 예약이다. 무조건 외워 둬야 할 골든타임은 '새벽 1시 5분 출발(인천)-방콕 현지 4시 55분 도착/방콕 출발 2시 50분-인천 도착 10시 5분'편. 엄밀히 따지면 무박 2일이 되는 셈이다. 방콕 현지에선 체크아웃 수속을 밟고 대략 오전 6시부터 그날 자정까지 꽉 찬 여행이 가능하다. 가장 인기 있는 항공편은 금요일 코스. 퇴근 후에 훌쩍 인천공항으로 쏜다. 공항에서 적당히 저녁을 때운 뒤, 쇼핑이나 휴식을 즐기다 토요일 새

방콕의 절

벽 1시 비행기를 타고 방콕으로 날아간다. 현지서 종일 놀다가 일요일 아침 10시에 도착해, 감쪽같이 쉬어주면 끝.

여행 일정은 대략 이렇게 짜주면 된다. 현지 도착 후엔 일단 피로감부터 푸는 24시간 스파숍 들르기. 90분이나 120분짜리 풀코스를 이용해 봐야 우리 돈 5만 원 선이다. 다음 코스는 런치. 핫한 클러버들의 메카 카오산으로 질주한다. 트렌디한 레스토랑에서 꿀맛 혼밥을 마친 뒤엔 본격적인 쇼핑 타임.

사실 방콕의 매력은 쇼핑이다. 시암파라곤, 엠포리엄백화점, 킹파워까지 입 쩍 벌어질 메가숍들이 줄줄이 들어서면서 요즘 방콕은 아시아 쇼핑의 메카로 홍콩, 도쿄 뺨칠 정도다. 도쿄 지하철 비용 정도면 빵빵한 에어컨을 켠 채 바로 실어다 주는

228

택시는 또 어떤가. 종류도 꿀이다. 중저가 수입 브랜드들은 국내에 비해 30~50% 이상 싸다. 같은 브랜드라고 하더라도 방콕 매장에 입점된 물건의 종류가 더 다양하니 말 다했다. 우리나라에서 30% 이상 세일을 하지 않는 브랜드도 이곳에서는 70% 이상 메가 세일을 진행하고 있다. 정말이지 쇼핑 천국.

방콕 당일치기 즐기는 

에어아시아가 인천~방콕(출발 새벽 1시 5분~도착 새벽 4시 55분)/방콕~인천(출발 새벽 2시 50분~도착 오전 10시 5분) 왕복편을 매일 운항한다. 비수기 편도 기준 가격 15만 원 선.

10만 원도 안하는 대마도 당일치기

진정한 당일치기 해외. 누가 뭐래도 대마도 당일치기다. 압권은 볼 것 없이 가격. 왕복 6만 원(주중 기준, 주말은 15만 원 선)이니 말 다했다. 그런데도 해외다. 설마, 6만 원짜리 왕복 비행기편이 있냐고? 역시나 없다. 그렇다면? 맞다. 배편이다. 배라고 우습게보지 마시라. 부산항에서 출발해 딱 100분이면 대마도다. 그러니깐 비행기만큼 빠른 제트포일(바다 위에 떠서 간다. 항공업체인 보잉 제작) 고속선(코비, 비틀)을 탄다. 코스도 빼놓을 게 없다. 일단 출발지는 부산항이다. 부산역 뒤편 부산여객터미널 출발이다. 아침 8시 전후로 배가 뜬다. 소요 시간이라 해 봐야 1시간 10분 정도. 시기에 따라 입항하는 항구는 이즈하라와 히타카쓰 두 곳으로 나뉜다. 입국 수속은 선상에서 하고 일본 땅에 내리면 오전 10~11시. 물론 종일 자유일정이다. 다시 부산항으로 컴백하면 저녁 5시. 깔끔한 당일치기 해외여행이다. 이게 인기 있는 이유가 있다. 면세쇼핑 때문. 대마도도 해외다. 당연히 면세쇼핑 가능. 뱃삯 해 봐야 주중 6만 원, 주말 13~18만 원 전후이니, 이건 가방 하나만 잘 건져도 본전이다. 부산항이 지척인 '부산 아지매'들 사이에서는 '라멘 마실 코스'로 각광을 받고 있다. 어느 정도 인기냐고? 코비나 비틀 고속선 정원이 보통 200명 선인데, 늘 가득 차서 오간다. 그렇다면 서울 출발 여행족들도 당일치기가 가능할까. 궁금해서 직접 확인을 해 봤다. 놀랍다. 이게, 가능하다. 새벽 5시 서울역을 출발해 첫 KTX를 잡아타고 부산으로 쏘면 된다. 부산역 도착이 7시 50분 전후. 부산항 위치가 부산역 뒤로 옮겨졌으니 충분히 오전 출발 가능한 타임이다.

아, 여기서 잠깐. 현지 자유일정이라고 걱정할 것도 없다. 항만 주변 맛집만 찍어도 한나절이다. 조금 다이내믹하게 즐기고 싶다면 현지 시티투어버스를 활용하면 된다. 예약할 때 미리 선택만 하면 추가 요금(버스투어 비용)을 내고 종일 즐길 수 있다. 조선통신사 유적지와 한국 전망대 등 한국과의 역사가 얽힌 명소만 콕 집어서

대마도 와타즈미신사 입구

데려다 준다. 단체 관광이 싫다면 프라이빗한 택시투어도 있다. 4~5만 원 정도면 택시를 전세내서 대마도 구석구석을 돌아다닐 수 있다. 방콕 당일치기는 마사지도 받고 스파도 즐기는데, 여기는 피로 푸는 코스가 없냐고? 없을 리가 없다. 대마도 도 일본이다. 온천, 료칸 당연히 있다. 히타카쓰항에서 얼마 멀지 않은 곳이 '일본 해변 100선'에 선정된 미우다 해수욕장이다. 짭짤한 바닷물에 퐁당 몸을 담그고 피로를 푸는 '해수탕' 니가사노유가. 여기서만 3~4시간 몸 담그고 돌아와도 된다. 그야말로 완벽한 대마도 당일치기다.

대마도 총알투어 즐기는 tip
여행박사 등 다양한 여행사들이 대마도 당일치기 여행 코스를 판매하고 있다. 일본까지 갔는데 1박하고 싶다고? 걱정 마시라. 추가 요금을 내고 미리 여행사에 예약만 부탁하면 된다. 숙박은 민박 기준 1인당 5~6만 원 선.

✈ 안보여서(?) 못 갔다고?!
하루면 다보는 관광 소국

퀴즈 하나. 당신에게 딱 하루가 주어졌다면 무엇을 하시겠는가. 사과나무를 심는다고? 인생을 정리한다고? 다 필요 없다. 뜬금없겠지만 이럴 때 써먹는 여행지다. 그러니깐 당일치기로 여행을 끝낼 수 있는 나라. 말, 안될 만도 하다. 유럽 최소 일주일이요, 홍콩도 구석구석 찍으면 3일은 후딱 지난다. 그러니 당일로 끝나는 이 여행지, 그뤠잇이다. 하루면 여행 땡이니 비용도 적게 든다. 딱, 하루 만에 짧고 굵게 당일치기로 여행을 끝낼 수 있는 나라. 찍어보시라. 짧고, 굵게.

모나코 항구

모나코

니스에서 동쪽으로 딱 18㎞. 코트다쥐르 속 작은 나라가 모나코다. 불어(프랑스어)를 쓰고, 프랑스 화폐를 썼고, 또 프랑스와는 무관세로 무역거래가 행해지는 곳이지만, 엄연한 독립국가다. 19.95㎢ 밖에 되지 않는 이 아담한 곳. 크리스마스 가장 핫한 여행지로 꼽히는 바티칸에 이어 세계에서 두 번째로 작은 나라다. 하루에 끝내려면 동선이 중요하다. 왕궁, 구시가가 중심이 되는 모나코와 카지노, 세계 유수의 호텔체인들이 통째 모여 리조트 마을을 형성하고 있는 신시가 몬테카를로 두 지역으로 잡으면 된다. 아, 물론 요즘 가장 핫한 곳은 모나코 해변. 세계 슈퍼 자산가들이 몰려들면서 그야말로 북새통이다. 모나코에 거주하는 3,000만 달러(약 330억 원) 이상을 가진 슈퍼 자산가는 1만 2,000명 남짓. 슈퍼카 레이스 F1 드라이버인 루이스 해밀턴과 젠슨 버튼, 테니스 수퍼스타 노박 조코비치 등도 몽땅 모나코에서 눌러앉았다. 당연히 연중 최고 인기 여행시즌은 포뮬러 1 그랑프리 대회 기간. 지중해가 한눈에 내려다 보이는 생마르탱 정원, 해양학자 알베르 1세의 정성이 만들어낸 특이한 해양박물관이 머스트 씨 포인트.

리히텐슈타인

아찔 풍광 '양대산맥' 스위스와 오스트리아 사이에 낀 절묘한 나라가 리히텐슈타인이다. 당연히 스위스나 오스트리아 투어 때 반드시 찍어야 할 보너스 나라다. 마치 동화에 나오는 스토리가 그대로 녹아난 곳. 바티칸시국(市國), 산마리노, 모나코공국 등과 함께 'Top 5 소국(小國)'에 속하니 여행도 당일로 좋낸다. 작다고 우습게 보면 안 된다. 납세와 병역의 의무가 없고, 왕족 이외에는 빈부의 차도 없

다. 심지어 실업과 범죄도 없으니 아, 슈퍼 울트라 그뤠잇이다. 당연히 이런 곳에 살면 자연스럽게 음악적 · 창의적 영감이 폴폴 솟아날 터. 놀랍게 이 작은 나라에, 음악협회, 합창단이 400여 개에 달한다. 국제 특허출원은 무려 1,000건이 넘는다. 현미경, 과학기기, 절단기 등 세계적인 기술도 리히텐슈타인 거다. 아무리 총알투어라도 여기서 잊지 말고 꼭 사야할 방문 기념품 한 가지. 그게 바로 우표다. 심지어 우표가 주요 수입원 중 하나로 꼽힌다. 수도인 파두츠의 우체국은 '세계에서 가장 아름다운 우표'를 사려는 관광객으로 늘 북적이니 말다했다.

바티칸 광장

바티칸 야경

바티칸

로마에 위치한 바티칸. 작지만 엄연한 국가여서 이탈리아를 찍을 때 바티칸 관광을 하면 한번에 '2개국 여행'을 한 셈이 된다. 당연히 여행족들은 바티칸을 찍을 때 자신들이 새 국가 안에 발을 들여놓은 것이라고 상상조차 하지 못한다. 그 정도로 세계에서 가장 작은 나라 넘버원. 로마 교황청이 다스리는 국가인데, 면적은 고작 0.44㎢다. 평으로 따져봐야 10만 평 정도. 교황을 비롯한 인구가 800명 정도니 정말 작다. 하지만 볼거리, 장난이 아니다. 세계 3대 박물관 중 하나인 바티칸박물관은 이탈리아 여행자들의 필수코스. 총 1,400여 개 방이 있는데, 미켈란젤로의 '천지창조' '최후의 심판' '피에타'와 라파엘로의 '아테네 학당'은 절대 놓쳐서는 안 될 작품으로 꼽힌다.

산마리노

그러고 보니 유독 이탈리아 주변에 관광 소국이 많다. 산마리노 역시 이탈리아의 산맥 근처에 자리 잡은 소국. 하지만 역사는 깊다. 301년 로마제국시대까지 거슬러 올라간다. 당연히 세계에서 가장 오래된 공화국으로 통한다. 화폐는 산마리노 도장이 찍힌 유로화. 인구 3만여 명. 크기라 해 봐야 우리나라 여의도 2배 정도다. 헌데 놀랍다. 작은 고추가 맵다는 말이 딱 맞다. 매년 200만 명의 여행족들이 이곳을 찾으니까. 1인당 국민소득은 무려 4만 달러. 당연히 이 중 관광 수입이 절반이다. 이 작은 나라의 '자유의 광장'으로 불리는 산마리노 광장. 산마리노의 관문인 리미니역 건너편 버거킹에서 버스를 타면 광장까지 간다. 이 버스를 타고 30여 분 가다보면 산등성이쯤에서 국경선 표지판의 '세상에서 가장 오래된 공화국에 오

산마리노

안도라 풍경

신 것을 환영합니다'는 문구가 보인다. 인증샷, 아니 인생샷 포인트.

안도라

제주도의 4분의 1 밖에 안 되는 안도라. 스페인과 프랑스 사이의 피레네 산맥에 둥지를 트고 있다. 유럽 서남부 이베리아 반도인 이곳은 바르셀로나에서 3시간이면 닿을 수 있다. 거주민은 약 7만 6,000여 명. 스위스의 알프스처럼 산위를 덮고 있는 눈과 꽃으로 가득한 계곡을 만날 수 있는 데다 세계 정상급 스파도 즐길 수 있어 역시나 여행 핫스폿. 만년설로 덮인 산꼭대기 스파가 압권. 인증샷 포인트는 시내 중심부 골동품 거리와 '계곡의 집'. 계곡의 집은 원래 3층짜리 개인주택으로 건축됐는데, 1700년대 초부터 안도라 의회 건물로 사용하고 있다. 1층은 법원이고 2층은 의회. 특히 옥상이 명물이다. 정부 사무실 빌딩의 옥상은 광장으로 조성해 이곳을 '라 뽀블르 광장'이라 부른다. 안도라 시내를 한눈에 품을 수 있는 최고의 조망 포인트. 아찔한 풍광 탓에 스위스에 견주는데, 아쉽게 퐁듀는 없다.

안도라 전경

하루짜리 관광 소국? 다 필요 없다. 사실 하루도 힘들다. 지하철에, 버스에, 돈 좀 들여 택시 동원해 돌아다니다 보면 금방 체력방전이다. 짠내투어 고수들을 위해 딱 반나절, 그것도 교통비 없이 걸어서 둘러볼 수 있는 여행 핫스폿을 알려드린다. 교통비 슈퍼 그뤠잇이다.

이탈리아, 피렌체

'낭만과 로맨스로 가득한 도시' 이탈리아하고도 피렌체. 영화 〈냉정과 열정 사이〉의 촬영지이자 로맨틱 포인트 1순위로 꼽힌다. 모름지기 짠내족이라면 피렌

피렌체 거리

체쯤 당일치기로 구석구석 훑을 수 있어야 한다. 그만큼 관광 포인트가 지척일 정도로 앙증맞은 도시다. 가보면 안다. 관광지에서 골목 하나, 모퉁이 하나만 돌거나 조금만 더 걸어가도 또 다른 관광지가 짠하고 나오니깐. 피렌체를 상징하는 두오모 성당, 르네상스 회화 작품으로 최고인 우피치 미술관, 야경이 아름다운 베키오 다리가 모두 걸어서 5분 안팎 거리다. 길 모르겠다며 택시에 올랐다간 이상한 사람 취급받을 수 있다. 뚜벅이 그뤠잇이다.

대만, 타이베이

가볍게 찍고 오기 좋은 도시 타이베이. 예능프로그램 '배틀트립'에서 신동과 김신영이 앉은 채 샴푸를 받은 미용숍 덕에 관심이 집중되고 있는 여행 포인트다. 소요 시간이라 해 봐야 3시간이면 충분. 당연히 마음만 먹으면 연월차 안 쓰고 주말에 마실나가 듯 찍고 올 수 있는 해외여행 코스다. 모르면 택시를 타거나, 한참 뺑뺑이를 돌기도 하는데 안 된다. 핵심은 동선이다. 동선만 잘 짜면 알뜰 여행 얼마든지 가능하다. 타이베이에서 가장 오래된 사찰인 용산사, 우리나라의 명동·홍대라 할 수 있는 시먼딩과 용캉제, 세계 10대 레스토랑인 딘타이펑 본점까지 모두 15분 내외. 한달음에 찍어볼 수 있다. 도전해 보시길.

대만 101 타워

스위스, 루체른

스위스를 여행할 때 빼놓을 수 없는 소도시 루체른. 스위스야 어디를 간들 작품사진이지만 루체른은 내공이 다른 도시다. 게다가 반나절, 길어야 하루면 관광지 대부분을, 그것도 걸어서 둘러볼 수 있으니 끝내준다. 루체른 랜드마크는 놀랍게도 구닥다리 목조다리 카펠교다. 1333년 탄생. 돌이나 철로 만든 다리도 툭툭 무너지는데, 뼈대가 목조인 이 230m짜리 다리, 700년 세월을 견딘 것도 모자라 지붕이 얹혀지고 그 지붕에 17세기 화가 하인리히 베그만이 그린 루체른의 역사, 그리고 성인에 대한 그림까지 그려버렸다. 카펠교만 봐도 심장이 멎는데 엽서에서나 봄직한 구시가지, 중세시대 성을 볼 수 있는 무제크 성벽까지. 루체른을 대표 Big 3 명소가 걸어서 10분 안팎이니 매력 쩐다. 그러니 어쩌겠는가. 걸어야지.

루체른 카펠교

스위스 풍경

영국 런던브릿지

영국, 런던

빅벤에 런던아이까지. 누구나 꿈꾸는 런던 여행의 포인트다. 런던 역시 뚜벅이 여행자들에겐 천국이다. 런던하면 해리포터 덕후들은 심장부터 뛸 게다. 해리포터가 지냈던 집부터 호그와트 마법학교, 심지어 상점가까지 모두 그대로인 곳. 여기에 곳곳에서 만나는 뮤지컬까지 매력적인 볼거리가 넘치는 곳이니까. 보통 런던 투어 땐 런던의 상징 빨간색 2층 버스를 타거나 '튜브'라 불리는 지하철을 이용한

다. 하지만 여행고수들이나 짠내투어족은 다르다. 뚜벅이 그뤠잇을 외치며 당당히 걷는다. 동선만 잘 잡으면 최고의 런던 속살을 즐길 수 있으니까. 런던의 상징인 빅벤과 런던아이, 무료 관람이 가능한 영국 국립 미술관 내셔널갤러리, 아기자기한 소품숍이 많은 코벤트가든, 화려한 전광판이 있는 피카딜리 서커스까지 한달음이다. 아, 반나절은 조금 부족하다. 당일치기투어로 죽 둘러보면 하루해가 뚝딱 저문다.

체코, 프라하

이름만 들어도 설레는 체코의 프라하. 주황색 지붕으로 줄줄이 물들인 이국적인 건물들과 유럽 최고의 성으로 꼽히는 프라하성을 가만히 보고 있자면 비로소 제대로 된 동유럽 여행을 하고 있구나 느낌이 든다. 서유럽에 파리가 있다면, 동유럽엔 프라하가 있다고 할 정도로 낭만적인 도시. 골목골목 걷기 좋은 구시가지는 뚜벅이 여행족의 최고 핫스폿. 먹거리와 기념품이 가득한 하벨시장, 프라하의 중심인 바츨라프광장, 야경 뷰가 끝내주는 카를교까지. 잊을 뻔 했다. 살벌한 SNS 인증샷으로 간 큰 여행족 '올킬' 시킬 수 있는 쿠트나호라 해골성당. 아, 성당 내부 인테리어에 사용된 해골은 전부 리얼 사람 해골이라니 말 다했다. 이런 여행지가 모두 도보로 20분 안팎 거리다. 그러니 볼 것 없다. 뚜벅이 여행족, 헤쳐 모이실 것.

프라하 성

생각정거장

생각정거장은 매경출판의 새로운 브랜드입니다. 세상의 수많은 생각들이 교차하는
공간이자 저자와 독자의 생각이 만나 신비로운 여행을 시작하는 곳입니다. 그 여정의
충실한 길잡이가 되어드리겠습니다.

아무도 몰랐던 핵가성비 여행의 기술

짠내투어

초판 1쇄	2018년 3월 30일
초판 4쇄	2019년 1월 30일

지은이	신익수
펴낸이	전호림
책임편집	오수영
마케팅	박종욱 김혜원

펴낸곳 매경출판㈜
등록 2003년 4월 24일(No. 2-3759)
주소 (04557) 서울시 중구 충무로 2(필동1가) 매일경제 별관 2층 매경출판㈜
홈페이지 www.mkbook.co.kr
전화 02)2000-2631(기획편집) 02)2000-2645(마케팅) 02)2000-2606(구입 문의)
팩스 02)2000-2609 **이메일** publish@mk.co.kr
인쇄 · 제본 ㈜M-print 031)8071-0961
ISBN 979-11-5542-825-2(13980)

책값은 뒤표지에 있습니다.
파본은 구입하신 서점에서 교환해 드립니다.

이 도서의 국립중앙도서관 출판예정도서목록(CIP)은 서지정보유통지원시스템 홈페이지(http://seoji.nl.go.kr)와
국가자료공동목록시스템(http://www.nl.go.kr/kolisnet)에서 이용하실 수 있습니다.
(CIP제어번호: CIP2018007378)